なぜ犬と暮らす人は長生きなのか

谷口優
国立環境研究所
環境リスク・健康領域
主任研究員

X-Knowledge

はじめに

犬と暮らしている人は健康で長生きです。そのことを私たちの研究グループは明らかにしました。

いきなりそういわれても、どういうことかよくわかりませんね。順を追って説明することにしましょう。

研究者である私の専門の1つに老年医学があります。高齢者を対象にした医学です。加齢とともに、人は体が弱々しくなり、介護が必要になったり、いろんな病気にかかりやすくなります。

それをどうすれば予防できるのか、その結果として健康に生きられる時間をどのくらい延ばすことができるのか。いわゆる「健康長寿」が私の研究テーマです。

健康長寿に関しては、すでに「運動」や「社会参加」が鍵を握ることがわかっています。

あるとき、犬と暮らす人では、運動や社会参加が促されているのでは？　と考えるようになりました。

それは私が愛犬との生活で得た貴重な経験もありますが、それだけではなく、人に対する犬の健康効果がすでに知られていたからです。

知られているというのは、学術的な研究が行われているという意味です。こうした研究は数十年前から国内外で行われていて、いろんな健康指標（健康の度合いを測る尺度）との関係性が明らかになっています。


その中には、犬と暮らしている高齢者は、犬がいない高齢者よりも長寿であることを明らかにした研究もありました。でもそれは欧米の研究です。

欧米人を対象にした研究結果が、日本人にもあてはまるのかどうかはわかりません。欧米人と日本人では、体格も生活習慣も、そして犬が生活している環境も異なります。犬と暮らしている欧米人が長生きだとしても、犬と暮らしている日本人も長生きだということにはならないのです。

そこで、私たちは日本の高齢者を対象に、犬と暮らすことの健康効果について大規模な研究を行いました（研究では犬だけでなく猫についても調べています）。

犬が高齢者にもたらす健康効果に関する私たちの研究は、これまで4つの論文にまとめています。

くわしい内容は本文にゆずりますが、結論からいうと、犬と暮らしている人は、犬がいない人と比べて、体が弱くなりにくく、また要介護状態や認知症にもなりにくいことなどがわかりました。

ここだけを読んで、「犬と暮らしてみたいな」と思った人も多いのではないでしょうか。

でも犬と生活するには責任がともないます。モノを買うように犬との生活を始めることはできません。

自分の思いだけではなく、犬の健康や幸せも考えないといけないのです。犬にきちんと食事を与えたり、散歩に連れて行くことはもちろん、具合が悪いときは動物病院に連れて行かなければなりません。

この本を手に取られた方は、少なくとも犬が嫌いな方ではないと思うので、今さらいうことではないかもしれません。でも、犬と生活するのは、とても手がかかることですし、お金もかかります。

そのことを理解し、「犬と暮らしたい」と思えるなら、家族として迎えてみてはいかがでしょうか。

あなたはどんな気持ちで本書を手に取りましたか。たとえば、「子どもの頃、実家で犬がいたけど、大人になってから犬と暮らしていない」とか、あるいは、「犬と暮らすことが長年の夢だったけれど、今までいろんな事情で実現できなかった」という人もいるかもしれません。

でも「今なら犬と一緒に暮らせる」という強い気持ちがあるのなら、ぜひ家族として迎えてください。犬との幸せな時間が待っているでしょう。

従来は家庭で暮らす犬や猫を「ペット」と呼んでいました。ペットは「愛玩《あいがん》動物」という意味ですが、最近では動物福祉（動物が精神的・肉体的に健康で、幸福であり、環境とも調和していること）の考え方から、ペットではなく「伴侶《はんりょ》動物」という言葉が使われる場面が増えています。

そこで、本書では「ペット」ではなく「伴侶動物」という言葉をできる限り用いることにします（「ペットショップ」などの一般名詞や、引用文では従来の「ペット」を使用しています）。

愛犬や愛猫は家族や友人のように、私たちの生活に寄り添う伴侶であり、強い絆《きずな》で結ばれた存在です。伴侶動物という言葉にはそのような意味が込められています。

同様に、これまで一般的だった「飼う」や「飼育する」という言葉を使用するのを避け、「暮らす」や「生活する」と表現しています。

「飼い主」という言葉も主従関係を示す言葉なので、本書では「飼い主」は使っていません。「飼い主」に相当する言葉がどうしても必要と思われる場合は、英語で動物の所有者を意味する「オーナー」を使用しています。

最後に、世の中には高齢者が犬や猫などの伴侶動物を迎え入れることをネガティブに考える風潮があることも事実です。

高齢者は、動物よりも先に亡くなったり、あるいは病気になってお世話ができなくなるリスクがあるので、伴侶動物を迎え入れるべきではないという考え方です。

いろんな意見があると思いますが、本書ではそうした意見に対する答えのヒントも用意しています。高齢者であっても伴侶動物を迎え入れる方法はあるのです。

本書をお読みになり、犬を愛する人が、犬との楽しい生活を始められることを祈っています。

谷口　優

目次

犬と暮らすと健康になるって本当？

一 犬と人との不思議な関係

科学的データでわかった！ 高齢者が犬と暮らすと長生きできる

高齢者が犬と暮らすためのアドバイス

犬との楽しい暮らしを始めましょう

●装丁　田中俊輔　●本文デザイン　平野智大（マイセンス）
●取材協力　柴内裕子（赤坂動物病院 名誉院長）　●編集協力　福士 斉、若林功子
●撮影　渡辺七奈　●イラスト　さいとうあずみ
●編集　加藤紳一郎　●印刷　シナノ書籍印刷

犬と暮らすと健康になるって本当？

犬は人を健康にする

あなたは犬と暮らしたいと思っていますか？　もしそうであるなら、どうして犬と暮らしたいのでしょうか？

犬はかわいいから、犬といると心が癒やされるから、子どものように犬のお世話をしてみたいから……。

いろんな理由があると思いますが、「犬がいると健康になれるから」という理由で暮らし始める人は少ないのではないでしょうか。

でも、犬と生活すると健康になれる人が多いのです。すべての人が健康になるわけではありませんが、犬と生活している人は、犬がいない人よりも健康であることが統計的に明らかにされています。

それはたくさんの研究からわかってきたことです。その中には私たちが行った研究も含まれています。

犬は「心理的健康」と「身体的健康」、そのどちらにも効果があることが明らかにされています。

たとえば、犬や猫がいる家の子どもは、心が安定し、免疫力が高まることでアレルギー疾患にもなりにくいことがわかっています。

子どもだけではありません。犬や猫と暮らしている高齢者は、精神的な健康度が良好で、抑うつが軽くなったり、血圧が低く、心臓の病気（以下、心疾患）になりにくいこともわかっています。

このように、犬や猫と生活することで、心も体も健康になっているのです。そうした科学的なデータがたくさんあります。

本書では高齢者とその家族に対して、犬との生活を応援したいというのが狙いです。

犬を迎え入れたいけれどまだ迷っているという人の中には、「自分はちゃんと犬のお世話ができるだろうか?」といった不安を感じている人も多いと思います。
そんな人たちにとって、「犬と暮らすと健康になれる」という事実は、背中を押す材料になるのではないでしょうか。

でも、犬がいるだけで健康になれるわけではありません。犬との暮らしの中で人が健康になるには、犬への愛情と積極的な関わりが必要です。それについては順を追ってくわしく説明していきます。

伴侶動物とは何か?

「はじめに」でも述べましたが、これまでよく使われてきたペット(愛玩動物《あいがんどうぶつ》)という言葉に対して、最近は伴侶《はんりょ》動物(コンパニオン・アニマル)という言葉が使われるようになってきました。

伴侶動物は、動物をかわいがるための対象としてではなく、家族や友人と同じよう

に位置づけ、強い絆《きずな》を感じる対象とする言葉です。

伴侶動物には条件があります。それは人と一緒に暮らしていることはもちろん、その動物の獣医学（動物がかかる病気や予防法など）、習性や行動、人と動物の共通感染症が解明されていることです。これらの条件をそなえた代表的な伴侶動物が犬と猫です。

本書を読まれる方は、犬と暮らしたいと思っている人がメインだと思いますが、犬についてくわしくお話しする前に、まず伴侶動物全般について考えてみることにしましょう。

日本で人と暮らしている動物は、犬や猫、ウサギをはじめ、モルモットやハムスターなどの齧歯類《げっし》（ネズミの仲間）、インコや文鳥などの鳥類、熱帯魚や金魚などの魚類、カメやカメレオンなどの爬虫類《はちゅう》などがよく知られていると思います。

それらの中でも圧倒的に多いのは、犬と猫です。2022年の全国犬猫飼育実態調査（日本ペットフード協会）によると、犬が705万3000頭、猫が883万7000頭となっています。

以前は犬のほうが多かったのですが、21年に犬と猫の順位が逆転しました。最近は「猫ブーム」といわれていて、動物写真家の岩合光昭さんの猫の番組をはじめ、猫を特集したテレビ番組をよく見かけるようになりました。

いずれにしても、犬と猫は日本の伴侶動物の「二大巨頭」といってよいでしょう。

伴侶動物に犬と猫が多いのは、人とコミュニケーションをとりやすい動物であるからだといわれています。

犬派と猫派

「犬派」「猫派」という言葉がありますが、あなたはどちらでしょうか？

犬派の人は、人の指示に素直に従うような犬の賢さが魅力だといいます。

これに対して猫派の人は、勝手気ままに行動する猫の自由なふるまいがかわいいといったりします。

おそらく本書の読者は犬派が多いと思いますが、最近では犬と猫が一緒にいる家庭も珍しくないようです。

「どちらかというと猫派だけど、犬も好き」という人もいるでしょう。そういう方も、この本を読み終わったら、犬がもっと好きになっているかもしれません。

犬は、人にはないすばらしい能力をたくさん持っています。

たとえば、犬の聴覚や嗅覚《きゅうかく》がすぐれていることはご存じだと思います。犬は人には聞こえない高い周波数の音を聴くことができ、その聴覚は人の4倍といわれています。また嗅覚は人の3000〜1億倍ともいわれています。

24年1月1日に起こった能登半島地震では、がれきに埋まった行方不明者を見つけるため、災害救助犬による捜索《そうさく》が行われました。

犬は人が進入できないような災害現場にも入り込んで、被災者の呼気《こき》や体臭を嗅ぎ

Dog
Cat

とって人に知らせます。

災害救助犬は特別に訓練された犬ですが、伴侶動物として一般の家庭で暮らしている犬でも、「お手」や「待て」など、人のいうことを聞いて理解しています。

人の言うことを聞いて行動するのはもちろん、目の不自由な人を危険から守る盲導犬のような仕事ができる動物は、犬だけでしょう。

そして、犬には人を健康にして、寿命を延ばす効果もあるのです。それをこれからくわしく述べていきたいと思います。

犬と暮らすと寿命が延びる？

犬と生活している人の寿命を調べる研究は、20世紀後半に始まりました。

私は研究を始める前、国内外の数百の論文を精査しました。ほぼすべてが欧米各国の研究成果ですが、それらのデータをまとめると、犬と暮らしているほうが長生きであるということはいえそうです。

しかし、犬と生活する人の寿命を調べた研究結果にはばらつきがあります。ある研究結果では肯定的な結果が出ても、別な研究では否定的な結果が出ることもあります。これではどの研究結果を信用してよいのかわかりません。そこで、複数の研究結果を統合して検証するメタアナリシス（メタ解析《かいせき》）という研究手法が生まれました。メタ解析は、とても信頼性の高い研究手法です。そこで、私が研究を始める前に行われた研究を代表するものとして、2019年に発表されたメタ解析の結果を紹介することにします。

この研究は1950～2019年に発表された10件の論文を検証したもので、犬のいる人といない人との死亡率を調べています。

約380万人のデータを解析した結果、犬がいる人は、いない人と比較して、全死亡率のリスクが24％減少することが示されました。

犬と生活すると心疾患になりにくい

どうして犬と生活している人の死亡率が低いのでしょうか。メタ解析を行った研究では、「犬がいる人」と「犬がいない人」の間で、心疾患《しんしっかん》による死亡率を比較した論文が6件ありました。

心疾患《しんしっかん》とは、心臓に酸素や栄養を送る太い血管（冠動脈《かんどうみゃく》）が細くなったり詰まったりする病気の総称です。

心疾患の病名としては心筋梗塞《しんきんこうそく》がよく知られています。そして、心疾患は長らく日本人の死因の第2です。がんと並んで、とても死亡率が高い病気です。

心疾患による死亡率を評価する研究に限定した場合、「犬がいる人」は「犬がいない人」と比較して、心疾患による死亡のリスクが31％減少したことがわかりました。

つまり、「犬がいる人」は、「犬がいない人」よりも心疾患で亡くなるリスクが低く、長生きであることが証明されたわけです。

では、どうして犬と生活している人は心疾患のリスクが低く、死亡する人が少ないのでしょうか。

それは、高血圧や脂質《ししつ》異常症《いじょうしょう》（コレステロールや中性脂肪の代謝《たいしゃ》異常）といった生活習慣病が少ないからだと考えられています。

さらに、犬と生活していると生活習慣病になりにくいのはなぜでしょうか。それは犬と暮らしている人が、よく運動していることと関係します。

このメタ解析論文では、犬と暮らすと寿命が延びるメカニズムとして、犬の散歩によって身体活動が強化されることを指摘しています。

生活習慣病は運動や食事の習慣が大きく影響します。よく運動する人のほうが、あまり運動しない人よりも、生活習慣病になりにくいことがわかっています。

犬は散歩が必要な伴侶動物なので、犬をお世話している人は、犬がいない人よりも運動する機会が増え、生活習慣病になりにくく、その結果、心疾患による死亡のリスクが低くなるということです。

日本と海外では犬種が異なる

犬と生活していると寿命が延びるのかどうか（死亡率が違うのか）を調べた研究は、海外の研究結果です。

欧米の研究論文を読んだとき、内容は理解できても、実感がともなわないことがあります。

たとえば、犬が人にもたらす健康効果を調べた研究に関していうと、海外と日本を比較すると、人と生活している「犬種」がかなり違います。また、住環境や生活習慣も違います。

前述のメタ解析で検証した10件の論文も、北米、ヨーロッパ、オセアニアに住む人々を対象にしているわけですが、このような研究は、日本ではほとんど行われていません。

私は23年4月から1年間、オーストラリアのメルボルン大学で研究をしていました。オーストラリアでは、大きな家の中を大型犬が自由に行き来する光景を何度も目にしました。

オーストラリアには、日本では見かけない犬種がたくさんいます。

たとえば、オーストラリアン・ケルピーは牧羊犬として親しまれた犬種で、運動量を多く必要とするため、街中でも散歩している光景をよく見かけました。

また、公園や海辺、カフェでは人と大型犬が一緒に過ごしている様子が印象的でした。

日本は動物と暮らす人が少ない

世界ではどのくらい伴侶動物がいるのでしょうか？

国際的なマーケティング・リサーチ企業の1つであるGfK（Growth from

Knowledge）が行ったデータベースがあります。

22の国と地域の2万7000人以上にオンラインでインタビューを行い、犬や猫、魚、鳥などの伴侶動物と暮らしている人の数を調べています。

全体で見ると、57％の人が伴侶動物と暮らしており、その内訳は犬33％、猫23％、魚12％、鳥6％、その他6％です。

次に、国別の調査結果を見ていきましょう。29ページの図表も合わせてご覧ください。

犬と暮らす人がもっとも高かったのは中南米で、アルゼンチンが66％、メキシコ64％、ブラジル58％となっています。

これに対して、アジアでは犬と暮らす人が少なく、韓国20％、日本17％、香港14％です。

この調査の対象となった22の国と地域の中で、日本で犬と暮らす人の割合は、下か

国別ペットの飼育状況

アメリカ	50%	39%	11%	6%
イギリス	27%	27%	9%	4%
トルコ	12%	15%	16%	20%
スウェーデン	22%	28%	6%	3%
スペイン	37%	23%	9%	11%
韓国	20%	6%	7%	1%
ロシア	29%	57%	11%	9%
ポーランド	45%	32%	12%	7%
オランダ	25%	26%	11%	7%
メキシコ	64%	24%	10%	10%
日本	**17%**	**14%**	**9%**	**2%**

世界の平均

33% 犬　23% 猫　12% 魚　6% 鳥

アルゼンチン	66%	32%	8%	7%
オーストラリア	39%	32%	8%	7%
ベルギー	29%	33%	15%	8%
ブラジル	58%	29%	13%	10%
カナダ	33%	35%	9%	4%
中国	25%	10%	17%	5%
チェコ	38%	26%	14%	8%
フランス	29%	41%	12%	5%
ドイツ	21%	29%	9%	6%
香港	14%	10%	14%	3%
イタリア	39%	34%	11%	8%

出典 :GfK survery amang 27,000+ Internet users（ages 15+）in 22 countries - multiple answers possible - rounded
ⓒGfK 2016：Pet ownership

ら数えて3番目でした。

アメリカと比べると約3分の1、オーストラリアと比べると約半分です。欧米諸国では、犬は使役動物として狩りや放牧などで活躍してきました。日本で犬と暮らす人が少ないのは、動物と生活するという文化に違いがあるのかもしれません。

犬が伴侶動物として人と生活してきた歴史の中で、人が感じたことを表現したことわざがあります（31ページ）。

このようなことわざは、日本にはないと思います。つまり、犬と暮らすことが特別なことではないという文化が、日本ではまだ十分に育っていないように思います。

海外には犬を連れてスーパーマーケットやレストランに入れたり、電車に乗れたりする国があります。

それに対して日本は、犬を連れて公園にも入れないなど、犬と生活することに対し

イギリスの有名なことわざ

子どもが生まれたら犬を迎え入れましょう。

子どもが赤ん坊のときは、子どもの良き守り手となるでしょう。

子どもが幼いときは、子どもの良き遊び相手となるでしょう。

子どもが少年期のときは、子どもの良き理解者となるでしょう。

そして子どもが青年になったとき、犬は自らの死をもって子どもに命の尊さを教えるでしょう。

て、ハードルが高いと感じます。

私としては、日本にも伴侶動物と生活しやすい環境を整備し、犬との生活を楽しむ人が、2倍、3倍になることを期待しています。

伴侶動物が認知症や要介護を遠ざける？

犬がもたらす健康効果について、私たちはこれまでいくつかの研究論文を発表しています。

そのうち4つは、私の専門である老年医学に関するものです。

老年医学の研究において、寿命を延ばす（死亡率を下げる）ことは、重要なテーマです。

みなさんは人が老いて亡くなるまでにどんな道のりがあるのかご存じでしょうか。

病気や事故で突然亡くなることもありますが、多くの人は、だんだんと体が弱くなり、要介護状態を経て死亡に至ります。

この体が弱くなった状態のことをフレイルといいます。フレイルになった高齢者は、これまでできていた身の回りのことが徐々にできなくなります。

たとえば、食事の支度ができなくなるとか、1人で着替えができなくなるとか、1人で外出できなくなるといったことが起こります。

すると、体の抵抗力（免疫力）も落ちて、感染症にかかりやすくなったり、認知機能が低下しやすくなります。

また、認知機能が低下して認知症になると、介護が必要になります。現在の要介護認定の最大の原因は認知症なのです。

フレイルや認知症で要介護状態になると、介護を必要としない人（自立している人）に比べて、死亡のリスクは高まります。

つまり、加齢とともにフレイルや認知症になり、要介護状態を経て死亡に至る老化のプロセスを経験する人が多いということです。

私はこの老化のプロセスに伴侶動物がどう関わっているのかを調べました。伴侶動物のいる人は、フレイルや認知症になりにくいのかもしれません。反対に伴侶動物と暮らすことにより、健康が損われているのかもしれません。

結果は、犬と暮らしている人は、そうでない人よりもフレイルや認知症、要介護状態になりにくく、長生きであることがわかりました。

猫では効果がなかった

一方、猫ではこのような効果は見られませんでした。

それは猫と暮らすと寿命が短くなるという意味ではありません。猫の場合は健康長寿に明確な効果は見られないが、悪い効果もないということです。

当初、私たちは猫でもプラスの結果が出るのではないかと考えていたので、この結果にはびっくりしました。でもこれは事実なのです。

しかし、この結果だけを見て、高齢者が伴侶動物を迎え入れるなら、猫よりも犬の

ほうがよいと判断しないでほしいのです。

この結果は、健康長寿に対しては、猫では効果が見られなかったという意味にすぎません。

実は、猫にも健康効果があることがわかっています。これまでの研究から、猫には心理的な効果があることが明らかになっています。

心のやすらぎにつながる猫との暮らしも、高齢者の生活が彩り豊かなものになるでしょう。

オーストラリアの街を歩くと

私たちのもっとも新しい伴侶動物と認知症に関する研究は、23年、オーストラリアのメルボルン大学で完成させました。

メルボルンでの生活を通して、日本とオーストラリアでは、犬との生活の仕方がずいぶん違うことを、身をもって体験することができました。

前述のGfKのデータによると、オーストラリアで犬と暮らしている人は39%、3人に1人以上の数字です。

また、別の調査から、オーストラリアでは半数の家族に伴侶動物がいることが報告されています。

メルボルンは首都シドニーと並ぶオーストラリアを代表する都市ですが、実際にメルボルンの街を歩いていると、犬を連れている人とよく出会います。

とくに印象的だったのは、街中だけでなく、レストランや電車の中でも犬を見かけることでした。

レストランに関しては、犬が入れない店もありますが、犬と一緒に入れる店もたくさんあります。

しかも、屋外のテラス席ではなく、店内のテーブル席に犬を連れて入ることができるのです。

電車の中でも犬を見かけますし、市場や公共施設でも、犬を連れている人を見かけます。

日本では盲導犬などの介助犬は許可されていますが、一般の伴侶動物が入ることができる施設はかなり限られています。

一方、犬を連れていない人々も、電車や公共施設の中に犬がいることを当たり前のように受け入れています。犬を連れている人に、「かわいいね」「何歳なの？」と、気軽に声をかける場面もよく見かけます。


オーストラリアは犬に対してフレンドリーな社会ですが、犬のオーナーには犬と正しく関わる責任が課せられています。犬に関する法律も厳しく、万が一犬が人を噛《か》んだりすると、犬が殺処分されることもあるようです。

そのため、多くの犬はトレーニングを受けています。公園や動物病院では、子犬だけでなく、成犬もトレーニングを受けていました。

メルボルンのカフェやレストランでは犬を連れて食事をする風景は珍しくない。店内に入れる店も多い

メルボルンでは電車の中でも犬を見かけるので、周囲の人もほとんど気にしない

ただ、いろんな事情で保護される犬もいます。そのためのアニマル・シェルター（動物保護施設、以下シェルター）があり、私も見学してきました。

メルボルンのシェルターには、犬や猫だけでなく、コアラなどの野生動物も保護されています。

日本でも報道されていますが、オーストラリアでは山火事の被害にあったコアラを保護しているのです。

保護施設としての役割だけでなく、動物病院やショップ、カフェが併設されているので、気軽に訪れることができます。

保護動物を迎え入れたい人は、シェルターで実際に動物と触れあい、その場で譲渡の相談をすることができます。

日本でも、保護動物の譲渡会が行われていますし、たびたびメディアにもとりあげられています。

犬を迎え入れたい人には、保護犬の情報を集めることをおすすめします。とくに、高齢者や、犬を初めて迎え入れる方には、すでに人との生活を経験している保護犬が適しているかもしれません。

なぜ犬と暮らす高齢者は健康なのか？

犬を連れて歩くことで、身体活動が強化されることに加えて、人との交流が生まれやすくなります。

犬の散歩をしている人どうしが、街中で会話しているシーンを見ることがありますね。

犬がいなければあいさつ程度で終わってしまうような状況でも、犬と一緒にいることで、人どうしの会話が盛り上がりやすいのだと思います。

仲のよい犬のオーナーどうしを「犬友《いぬとも》」と呼ぶことがありますが、犬友さんがいるかどうかは高齢者の健康にとって、とても大事な条件の1つです。

実は、高齢者の健康を阻害する要因の1つに「孤立」があります。孤立とは、社会とのつながりがなくなった状態のことをいいます。

家の中で孤立して暮らしている人をイメージしてみてください。スーパーマーケットに買い物に行く以外は、ほとんど外出せず、誰とも話さないような生活です。

このような孤立状態にある人は、体を動かす機会が少なくなります。その結果、体力が低下して、フレイルになります。


これに対して、犬と生活している人は外に出る機会が多いので、人と交流する機会が多くなります。

何か困っていることがあったら、犬友に相談することもできるでしょうし、その逆で犬友に何かを頼まれるということもあるでしょう。

このような社会参加を活発にしている人は、フレイルになることが少ないですし、認知症のリスクも低くなります。

実際、私たちの研究でも犬と生活している人は、体をよく動かす人が多く、社会参加が活発な人が多いという結果が出ています。

くわしくは第3章で説明しますが、運動習慣があること、孤立していないこと（社会とのつながりがある）が、高齢者の健康を維持する上でとても重要な条件なのです。犬との暮らしに関係なく、運動習慣や社会参加をしていることによる健康効果が大きいのではないか？　といった質問をいただくことがあります。

そうではありません。「運動習慣がある」「孤立していない」高齢者の中でも、犬と暮らしている人が、健康で長生きする人が多いのです。

犬には私たちの健康状態を底上げする効果があります。次章以降でくわしく見ていくことにしましょう。

第2章

犬と人との不思議な関係

人と犬が出会って数万年

イヌはもともと野生動物です。それが現代では伴侶《はんりょ》動物として人と一緒に暮らしています。とても不思議ですね。

これまでイヌの先祖はオオカミだといわれてきましたが、どうもそうではないようです。

近年はDNA（遺伝情報の本体）を用いた生物学の研究が急速に進んでいます。イヌのDNAを調べたところ、オオカミとイヌには共通の祖先がいて、その祖先種からオオカミとイヌに分かれたことがわかりました。

また、世界中のイヌ科動物のDNAの遺伝子を分析したところ、共通の祖先種からオオカミとイヌが分かれたのは今から3万〜5万年前だということもわかりました。

祖先種から分かれた野生のイヌが、人と一緒に暮らすようになり、それがイエイヌ

（人の手で家畜化されたイヌ）の起源になったとされています。

イヌ（以下、犬）は人と一緒にいたほうが安全ですし、食べ物ももらえます。一方、人にとっては犬は外敵が来ると吠《ほ》えて危険を知らせてくれます。

そんなウインウインの関係から人と犬は一緒に暮らすようになったといわれています。

人と暮らすようになった犬は、約1万5000年前の古代ヨーロッパと、約1万4000年前のアジアに、それぞれ独立して現れたと考えられています。

アジアの犬は人とともにユーラシア大陸を渡り、その後、古代ヨーロッパの犬と交配して、その地位を奪いました。

なぜなら現在の犬のほとんどは、遺伝的にアジアの犬が祖先だと考えられているからです。

アイルランドで約4800年前に生きていた犬の骨のDNAを分析したところ、1万4000～1万6400年前に、アジアの犬から分かれた可能性があることがわかっています。

またグリーンランドのそり犬（そりを引っ張る犬）だったシベリアン・ハスキーなどの一部の犬種は、古代ヨーロッパとアジアの犬の両者を合わせた祖先を持っていると考えられています。

考古学の世界では、北イタリアで発見された紀元前3〜紀元後1世紀の埋葬地から、人や馬、犬の骨が同じ墓に埋葬されていました。

そこでミラノ大学などの考古学者たちが、それらの骨をくわしく調べたところ、骨が無欠損の状態で埋められていたことから、被葬者の地位を知らしめる儀式的な意味を持っていたのではないかと推定しています。

日本で犬と暮らし始めたのは縄文時代

犬を埋葬する習慣は日本にもありました。縄文時代の遺跡からは、犬の骨がたくさん見つかっていて、その中には全身骨格を保ったまま埋葬されている犬の個体も珍しくないといいます。

また、縄文時代に埋葬された犬の骨から、骨折などの痕《あと》が確認されることもあるそうです。

骨折した犬が処分されずに治るまで生きていたのは、骨折した後も食事を与えられていたからではないかといわれています。

そこから、縄文人たちは犬を狩りなどの道具としてだけではなく、一緒に生活する仲間と考えていたのではないか？　といった想像も生まれてきます。

では、犬を愛玩《あいがん》動物（ペット）として一緒に生活するようになったのは、いつの時代からなのでしょうか。

世界最古の愛玩犬はマルチーズで、紀元前１５００年頃、貿易商人がマルチーズの原種を船に乗せて、アジアからヨーロッパのマルタ島に持ち込んだのが始まりとされています。

マルチーズは地中海の貴族たちにかわいがられ、その後、フランスやイギリスの高級貴族の愛玩動物になっていったとされています。

一方、日本で犬が人と暮らすようになったのは、平安時代の頃からだといわれています。

２０２４年のＮＨＫの大河ドラマ『光る君へ』では、宮中で猫がかわいがられているシーンがたびたび描かれていましたが、犬も人と暮らしていたようです。

ドラマにも重要人物として登場する藤原道長《ふじわらのみちなが》は、出家後に白犬を連れていたというエピソードが『宇治拾遺物語《うじしゅういものがたり》』に載っています。

ただこの時代、純粋な愛玩動物だったのは猫のほうで、犬は鷹狩りのお供や番犬など、使役犬《しえきけん》としての役割が大きかったようです。

日本の犬の歴史の中で外せない事柄といえば、江戸時代の五代将軍、徳川綱吉《とくがわつなよし》による「生類憐《しょうるいあわれ》みの令」ではないでしょうか。

現代でいうところの動物愛護法のような法律で、とくに犬に対しては手厚い保護政策がとられました。

生類憐みの令はその後、廃止されましたが、これがきっかけで人々の犬への意識が変わり、江戸時代後期には富裕層の間で愛玩犬として人と生活するようになったともいわれています。

江戸時代までは犬は「放し飼い」でしたが、明治維新後は西洋文化の流入とともに、リードをつけるようになってきました。

太平洋戦争では、毛皮や革をとるために、猫とともに犬が供出されるという悲しい歴史もありました。

そして戦後、１９７３年に動物愛護管理法が成立して、今のような伴侶動物として犬が大事にされるようになったのです。

どうしてこんなに犬種がいるのか？

犬が人と暮らすようになってから、犬と人はお互いを必要とするようになり、犬は狩猟や力仕事など、人のためにさまざまな役割を担うようになりました。

そして、それら仕事の適性を持つ犬を選択的に交配して、より仕事に適した犬を人為的につくりだしました。

犬の交配の歴史は古くから行われていて、紀元前９０００年頃のシベリアの遺跡から見つかった犬の骨を調査したところ、犬を狩猟用とそり用に分けて繁殖させていたことがわかったとのことです。

交配によって生まれた犬が「犬種」として確立されたのは19世紀のイギリスで、犬の品評会の審査基準として、理想的な犬種像をまとめた「犬種標準」というものがつくられています。

今もいる犬種の多くも、この頃に定められたものです。現在、国際畜犬連盟（ＦＣ

I）では355の犬種を公認しています。

さて、犬たちはどんな仕事をしてきたのでしょうか。もっともよく知られているのは狩猟犬でしょう。キツネやシカなどの野生動物を追いかけたり、巣穴から追い出したりして、人が獣を獲《と》るのを助ける仕事です。獣だけでなく、鳥の狩猟を手伝う鳥猟犬もいました。くさむらなどに隠れた鳥を探したり、猟師が射落《いお》とした鳥を回収するのが犬の仕事です。日本の鷹狩犬も鳥猟犬の一種です。

また、現代も仕事をする犬がいます。羊の群れなどを管理誘導するのが牧羊犬・牧畜犬です。

牧羊犬・牧畜犬は、放牧している家畜がオオカミなどに襲われないように見張ったり、散らばる羊の群れを畜舎に誘導するといった仕事をします。高い知能を持っていないとこのような複雑な仕事はこなせません。そのため、牧羊犬・牧畜犬をルーツに持つのは賢い犬種といわれています。

一方、力仕事を担った犬もいます。代表的なのはそり犬でしょう。日本の南極観測隊でも、カラフト犬による犬そり隊が活躍した歴史があります。

また、起伏の激しい土地などで荷車を引く犬もいました。これには力の強い犬種が選ばれたことでしょう。

いわゆる番犬も古くからの犬の仕事です。不審者の侵入を知らせたり、撃退して、人やその財産を守るのです。日本でも昭和の頃までは、番犬として犬を「飼育する」人が多かったようです。

そして、かわいがるための犬種が愛玩犬です。その目的のために、攻撃性や野性味といった特徴は抑えられ、おとなしい性質に改良されました。

また、抱きあげたりしやすいように、愛玩犬では小柄な犬がもてはやされたこともあり、犬の小型化が進みました。

現代の仕事をする犬たち

犬はすばらしい能力を持っていて、歴史的にも人と一緒にいろんな仕事をしてきました。

現代でも大活躍している犬といえば、まず「身体障害者補助犬」があげられるでしょう。

よく知られている盲導犬《もうどうけん》は、目の見えない人や見えにくい人の歩行を助けるのが仕事です。障害物を避けたり、段差の有無を教えるなど、目の不自由な人が安全に歩くためのお手伝いをします。

これに対し、耳の聞こえない人のお手伝いをするのが聴導犬《ちょうどうけん》です。家にいてチャイムなどの音がすると、犬がそのことを人に伝えます。訓練された聴導犬は、生活に必要なさまざまな音を覚えて、知らせてくれるのです。

また、体が不自由な人のお手伝いをするのが介助犬《かいじょけん》です。介助犬は、ドアの開閉をしたり、人が落としたものを拾ったり、新聞を持ってきてくれる、といった日常生活の手助けをしてくれます。

盲導犬、聴導犬、介助犬は国や地方自治体の施設、公共交通機関、その他不特定多数の人々が利用するホテルやデパート、レストランなどでは同伴を拒んではならないと、身体障害者補助犬法で定められています。

しかし、身体障害者補助犬法がまだ十分に浸透していないのか、飲食店などで盲導犬の受け入れを拒否されたという報道が後を絶ちません。

空港の国際線到着ロビーなどで、最近よく見かけるのは動植物検疫探知犬《どうしょくぶつけんえきたんちけん》です。嗅覚《きゅうかく》がすぐれたビーグル犬が多く、旅行者の手荷物の中に検疫検査をしなければならない肉製品や果物などのにおいを嗅《か》ぎ分けて知らせます。

さらにもう1つ、空港で重要な活躍しているのが麻薬探知犬です。麻薬の密輸入を防止するための仕事している犬で、こちらはおもにジャーマン・シェパードやラブラドール・レトリバーなどの大型犬が働いています。

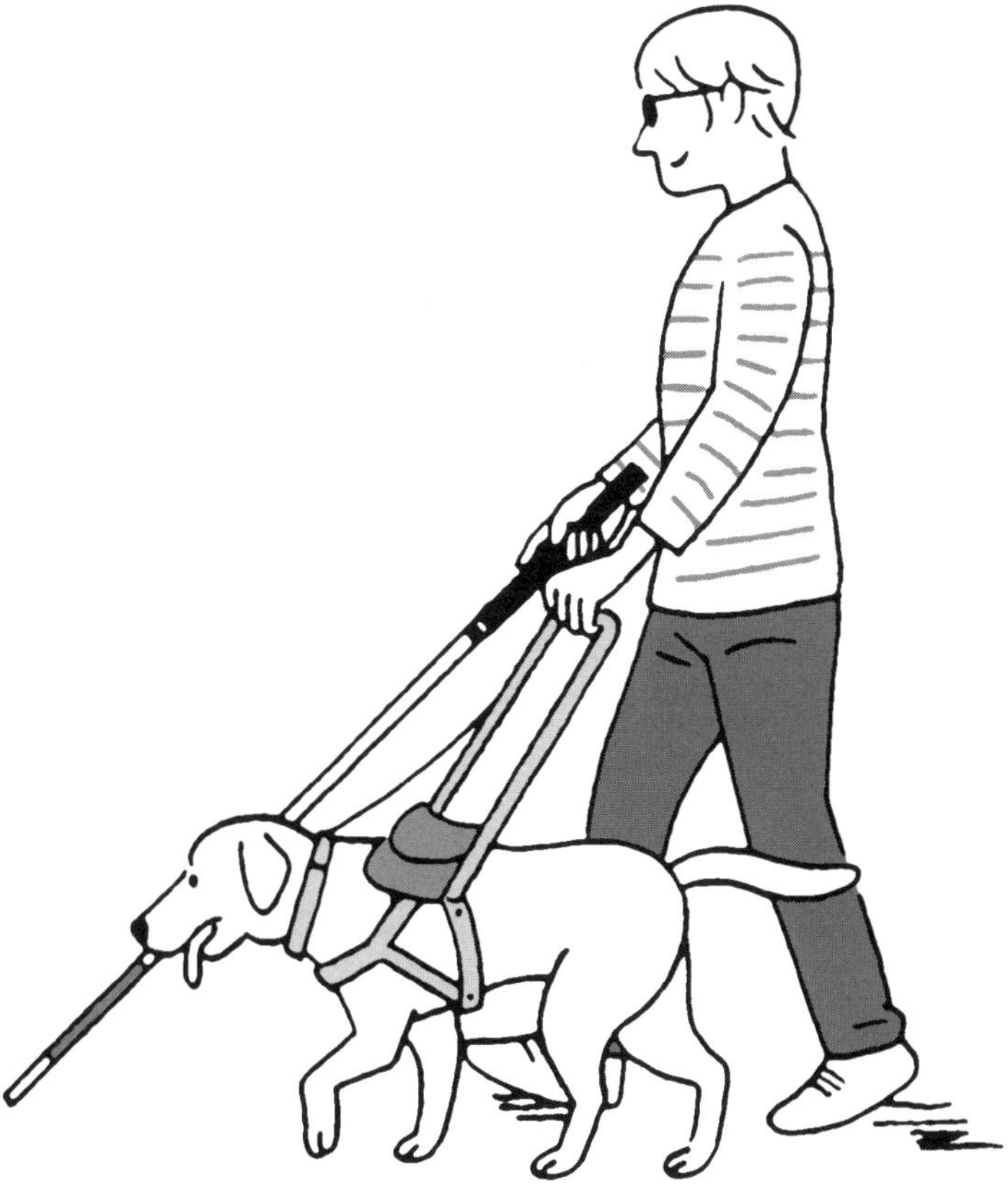

ちなみに麻薬探知犬は警察犬の一種です。事件現場に犯人の残した遺留品のにおいを嗅ぎ、そのにおいから犯人を追跡したり、逃げる犯人に吠《ほ》えて威嚇《いかく》したりするのが警察犬の仕事です。

警察だけでなく、自衛隊には自衛隊犬がいます。自衛隊犬は、基地内の巡回警備や不審者の警戒などの仕事をしています。

自然災害が多い日本では、災害救助犬（レスキュードッグ）も活躍しています。地震や土砂崩《どしゃくず》れなどで行方不明になっている人を捜索《そうさく》するために、特別に訓練された犬が生存者を探し出します。

レスキュードッグに犬種の規定はありませんが、がれきの下など狭い場所にも入り込める比較的小柄な柴犬などもいるそうです。

犬の仕事をコントロールする人のことを「ハンドラー」といいますが、災害救助犬のハンドラーはボランティアで活動しています。

24年1月1日に起こった能登半島大地震でも、ハンドラーさんと一緒に災害救助犬が捜索し、行方不明者を発見しています。

犬は新型コロナも嗅ぎ分ける

犬のすぐれた嗅覚は、人の病気を嗅ぎ分けることもできます。これを利用したのが「探知犬」です。

23年6月9日の「朝日新聞」によると、群馬県は「人の呼気や尿などのにおいをもとに、がんなどの病気を判別する『探知犬』の研究」を開始しています。

予算もついていて、「3年間で計1億2400万円を投じる。候補犬を購入して訓練するほか、全国から研究者を公募して医学的な研究に着手する。研究が進むフィンランドの研究者を招き、助言も受ける」と発表しています。

この対象となる疾患は、がんのほかパーキンソン病やてんかん、新型コロナウイルス感染症などを想定しているとのことです。

「朝日新聞」によると、フィンランドでは空港での新型コロナウイルス感染者の特定に、探知犬を活用した例があるとのことです。

新型コロナウイルス感染症のパンデミック（世界的大流行）では、ウイルスを持ち込ませないために、いわゆる「水際《みずぎわ》対策」が各国でとられました。

検査で偽陰性（本当はウイルスに感染しているのに陰性と判定されること）だった人でも、探知犬は見つけ出すことができるわけです。

新型コロナウイルス感染症に対する探知犬の働きについて、医学論文も発表されています。

19年12月から23年4月のパンデミックの時期に発表された29件の論文を精査した研究があります。

これによると、新型コロナウイルス感染症に対する探知犬の能力は、ＰＣＲ検査と同等か、場合によってはそれ以上にすぐれていました。

また、数秒から数分で新型コロナウイルスやその他のウイルスの感染者を探知することができることが示されています。

子どもの成長に果たす伴侶動物の役割

犬や猫などの伴侶動物と一緒に暮らすのは、子どもの心の成長によい影響を与えることがわかっています。

アメリカの子ども38人を対象に、伴侶動物と暮らしている子どもと、そうでない子どもとの比較研究があります。

結果は、動物と暮らす子どもにおいて、思いやりの心が強く育まれていました。

またアメリカの子ども12人に対し、本物の犬がいる場合と、ぬいぐるみの犬がいる場合を比較した実験もあります。

本物の犬に接した子どもは、犬に触ったり、話しかけたりして、犬との間に親密な関係が生まれます。

さらに、この子どもたちは、目的を達成しようという気持ちが生まれ、子どもたちの考える力や理解力、判断力などが活性化されることがわかりました。

これに対して、ぬいぐるみがある部屋の子どもたちには、このような反応は見られませんでした。

思春期の子どもでは、米国で10～14歳の子どもがいる285の家族を対象にした研究があります。

結果は、思春期の子どもが伴侶動物と暮らしている場合、自尊《じそん》感情（自信）が生まれやすく、とくに犬のいる家庭ではその傾向が強く見られました。

また、クロアチアの小学生826人を対象にした研究では、伴侶動物と暮らしている子どもは、そうでない子どもよりも愛情が強く、社会への適応力も発達していることがわかりました。

ちなみに、伴侶動物への愛情は女の子のほうが男の子よりも強く、年齢が高いほうが愛情は強く見られ、動物の種類別では犬と猫のいる子どもに強い愛情が見られたということです。

このように、子どもの頃から伴侶動物と触れあうことで、子どもたちに動物を思いやる心が育まれます。

そして、子どもたちの心に情緒的な成長や安定をもたらすことが明らかになっています。

犬といると愛情ホルモンが増える

伴侶動物と一緒にいると心が安定するといわれます。その根拠として、近年「オキシトシン」という物質が注目を集めています。

オキシトシンは脳の視床下部《ししょうかぶ》でつくられるホルモンの一種（ペプチドホルモン）です。哺乳動物が出産するときにはオキシトシンが分泌《ぶんぴつ》され、子宮を収縮させて分娩《ぶんべん》を促します。

また、哺乳動物が授乳するときにも、オキシトシンの分泌が増えることがわかっています。

人どうしや、人と動物とのスキンシップによってもオキシトシンの分泌が増えることから、「愛情ホルモン」とも呼ばれています。

伴侶動物に触れることとオキシトシンが増えることが、研究で明らかにされています。人が犬と触れあうと、犬の血中オキシトシンレベルが3分後に高まり、人のほうは1〜5分ほどでピークを迎えるというデータがあります。犬は人と触れあうことで愛情ホルモンが急速に高まり、人では犬と触れあっているうちにジワジワと愛情ホルモンが増えるのでしょうか。時間差や変化量に違いはあるものの、人と犬の両方で愛情ホルモンが増えるのは事実です。

このようにオキシトシンが増えるというのは、犬と触れあうと心の安定がもたされることの根拠の1つとなっているわけです。

ストレスがかかると分泌が増えるコルチゾールというホルモンがあります。コルチゾールは副腎皮質《ふくじんひしつ》から分泌されるホルモンで、ストレスから身を守ろうとするときに分泌量が増えるといわれています。

コルチゾールは唾液《だえき》にも含まれるので、比較的測定しやすいホルモンですが、この濃度を測って伴侶動物と触れあったときの精神状態を調べた研究があります。

この研究では、30分間のセラピー犬（69ページ参照）との交流により、唾液《だえき》コルチゾールや収縮期血圧（最高血圧）が低下することがわかっています。

血圧や脈拍《みゃくはく》を測って、精神的に安定しているかどうかを調べる研究も行われています。

一般的に、ストレスがかかると血圧や脈拍が上昇します。それが伴侶動物と一緒にいると下がるかどうかを調べるのです。

たとえば、家庭内で24時間血圧を測定した結果、家に動物がいないときに比べて、いるときのほうが拡張期血圧（最低血圧）は低くなることがわかっています。

さらに、家に犬がいるときには、収縮期血圧が下がることがわかりました。

これに対して、家に猫がいるときは収縮期血圧が上昇する傾向が見られたということです。

犬の常在菌が人を健康にする？

犬の唾液《だえき》の中に含まれている常在菌が人の健康に役立っていることがわかってきました。

常在菌というのは、動物と共生している細菌のことで、もちろん人にもいます。人に生息する常在菌の数は数十兆個から数百兆個といわれています。有名なのは腸内細菌でしょう。

腸の中には善玉菌と悪玉菌がいて、善玉菌が優勢な腸内環境の人は健康だという話はよく耳にすると思います。

犬の皮膚や唾液にも常在菌がいます。

この犬の常在菌が人の体内に入ることによって、人の健康状態が変わる可能性があるのです。

そうした常在菌の中には、オキシトシンのようなホルモンに作用する細菌もあります。

16年の研究ですが、犬由来の乳酸菌をマウスに与えたところ、マウスのオキシトシンレベルが上昇することがわかりました。

また、マウスの体重はオキシトシンに依存する形で変化することも報告されています。

つまり、犬と触れあうことで、犬の常在菌が人の体内でオキシトシンを増やし、その結果、人の体重を正常に保っているかもしれないということです。

犬がもつ乳酸菌の働きは、犬が人にもたらす健康効果を説明する有力な仮説の1つといえるでしょう。

犬と触れあうと痛みが軽くなる

ドッグセラピー（犬の介在療法）という治療方法があります。ドッグセラピーには心の安定をはじめとしたさまざまな効果がありますが、米国の研究では痛みの軽減にも有効であることがわかりました。

手術後間もないアメリカの子ども25人に、ドッグセラピーを実施したところ、肉体的な痛みや精神的な苦痛が軽減したことが、子どもたちへの聞き取り調査によって明らかになりました。

またアメリカの別の研究では、3～17歳の子ども57人にドッグセラピーを行って痛みの変化を調べました。

ドッグセラピーの前後に痛みレベルを10段階で測定した結果、15分間リラックスしただけの子どもに比べて、ドッグセラピーを行った子どもの痛みは約4分の1に軽減されました。

この理由として、ドッグセラピーの刺激によって、鎮静《ちんせい》作用のあるエンドルフィンなどの脳内物質が分泌されたことにより、痛みが軽くなったのではないかと考えられています。

ドッグセラピーは、アニマルセラピー（動物介在療法）の1つです。動物と触れあうことで患者さんのストレスの軽減や精神的な安定を得ることができます。

この重要な仕事を担っているのがセラピー犬です。セラピー犬は、18世紀末、イギリスのヨーク市にあった精神疾患患者の収容施設に、治療の目的で導入されたのが始まりといわれています。

その後、犬を含む動物と人の健康に関する研究が世界規模で進められ、現在はアニマルセラピーの国際会議も開かれています。

コンパニオン・アニマル・パートナーシップ

日本でもセラピードッグは活躍しています。たとえば小児病棟へのセラピードッグの訪問があります。

小児病棟には長期入院が必要な子どもたちがたくさん入院しています。セラピードッグは、そんな子どもたちに寄り添うのが仕事です。

03年、聖路加国際病院《せいろかこくさいびょういん》（東京）の小児病棟が、日本で初めてセラピードッグを受け入れました。

犬が大好きな子どもたちにとって、入院中に犬と触れあえるのは何よりの楽しみです。

そんな子どもたちの心のケアに、病院へのセラピードッグの訪問がすごく役立っているのです。

日本におけるセラピードッグの活動のパイオニアが、獣医師の柴内裕子《しばないひろこ》先生です。柴内先生は私も参加している「人と動物の関係学研究チーム」の1人です。柴内先生のご尽力なしには、セラピードッグがこれほど日本で活動できるようにはならなかったと思います。

さて、この本を執筆するにあたり、柴内先生に取材させていただくことができたので、そのお話も含めて、柴内先生たちの活動を紹介したいと思います。

動物病院の獣医師たちが活動するJAHA（日本動物病院協会）という団体があります。

JAHAが86年に始めたのがCAPP（コンパニオン・アニマル・パートナーシップ）で、犬や猫などの動物を病院や教育機関、高齢者施設などに派遣する活動が行われています。

CAPPに参加したコンパニオン・アニマル（伴侶動物）は犬、猫、ウサギ、モルモットなどがいますが、圧倒的に多いのは犬です。

この犬たちはCAPP活動のボランティアの方たちの犬で、よく訓練されていることもさることながら、感染症などに対する安全性においても厳しい健康チェックを受けています。

とくに小児病棟は感染症にとても気を使います。そのため、犬は腸内細菌の検査などの健康診断を毎年1回行っています。ボランティアの方も重度の入院患者がいる病棟に行くような場合は、抗体検査までしています。

それらをクリアした伴侶動物と人だけが、CAPPの活動に参加することができるのです。

なおCAPPの活動には3種類あります。まず、AAT（動物介在療法）です。病院などの医療機関への動物の訪問活動です。

AAA（動物介在活動）は、動物と触れあうことによる情緒的な安定やレクリエー

CAPP活動の36年間

医療関係
51カ所(4,986回)
・作業療法
・精神科
・小児病棟
・ホスピス

児童関係
100カ所(1,014回)
・小学校　・幼稚園
・児童館　・READ
・授業訪問活動
・付き添い犬(司法の場に)

高齢者関係
290カ所(13,449回)
・特別養護老人ホーム
・老人保健施設
・有料老人ホーム

CAPP活動の36年間の訪問先

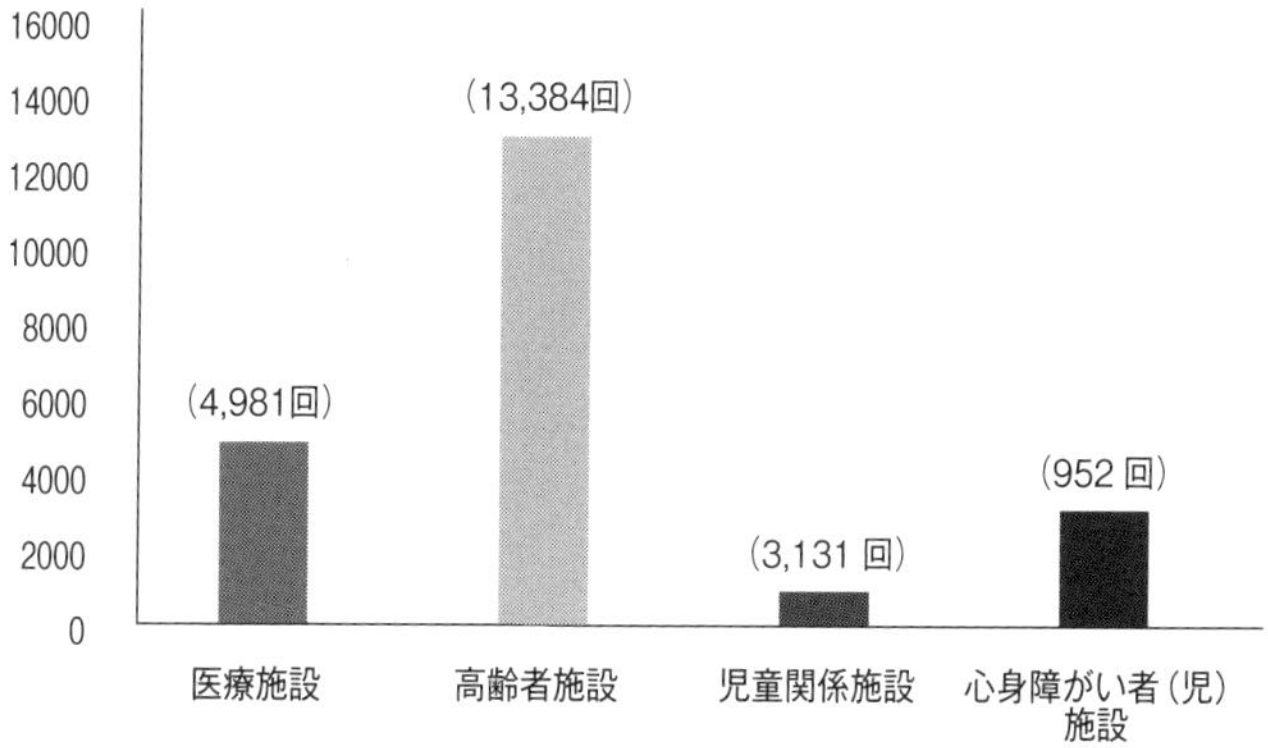

※赤坂動物病院　柴内裕子先生の資料を改変

ションをおもな目的とした活動で、一般的にアニマルセラピーと呼ばれているのは、この活動のことをいいます。高齢者施設などでの活動もAAAに含まれます。

もう1つがAAE（動物介在教育）で、幼稚園や小学校などに動物とともに訪問して、正しい動物との触れあい方や命の大切さなどを学んでもらうための活動です。CAPPの最初の活動は、AAAによる高齢者施設への訪問でした。そのことが話題になり、新聞記事にもなったことで、病院からも声がかかるようになり、AATの活動も始まりました。

AATを最初に開始した医療施設は、聖路加国際《せいろかこくさい》病院です。2003年当時、同病院の小児科医だった松藤凡《まつふじひろし》先生が、海外の小児病棟で犬を病棟に連れてくる活動が盛んに行われていることをご存じで、柴内先生に連絡があったそうです。

本人も犬好きであった松藤先生が、犬と触れあうとよいと考えた患者さんが、渚沙ちゃんという7歳の女の子でした。

その子は犬がとても好きなのに、病棟に犬が入れないため、ぬいぐるみでがまんしていました。

渚沙ちゃんは小児がんで入院していて、もうそれほど長くは生きられないということも医師たちにはわかっていました。

そこで、本物の犬に触りたいという渚沙ちゃんの希望を叶《かな》えてあげようということになったわけです。

このとき訪問した犬は、柴内先生の愛犬だったトイプードルのチロマです。そのとき、渚沙ちゃんは体調がすぐれなかったそうですが、チロマを触ると少し元気になって、食事もとったということです。

チロマと病院で触れあってから3カ月後、残念ながら、渚沙ちゃんは亡くなりました。

しかし、この活動がきっかけで、日本の多くの病院の小児病棟で、犬の訪問が行われるようになったのです。

高齢者施設では、犬との触れあいがきっかけで、手が動くようになったお年寄りがいたそうです。

その人はスプーンも持てず、自分で食事をすることもできなかったのですが、「犬を触ってください」と声をかけると、手が動いたのだそうです。

その後、その方はスプーンが持てるようになり、それからは自分でなんとか食事ができるようになったといいます。

柴内先生はこの経験から、「人の自立の可能性をあきらめてはいけないと感じた」とおっしゃっていました。

柴内先生の愛犬、チロマの訪問を受けた渚沙ちゃん

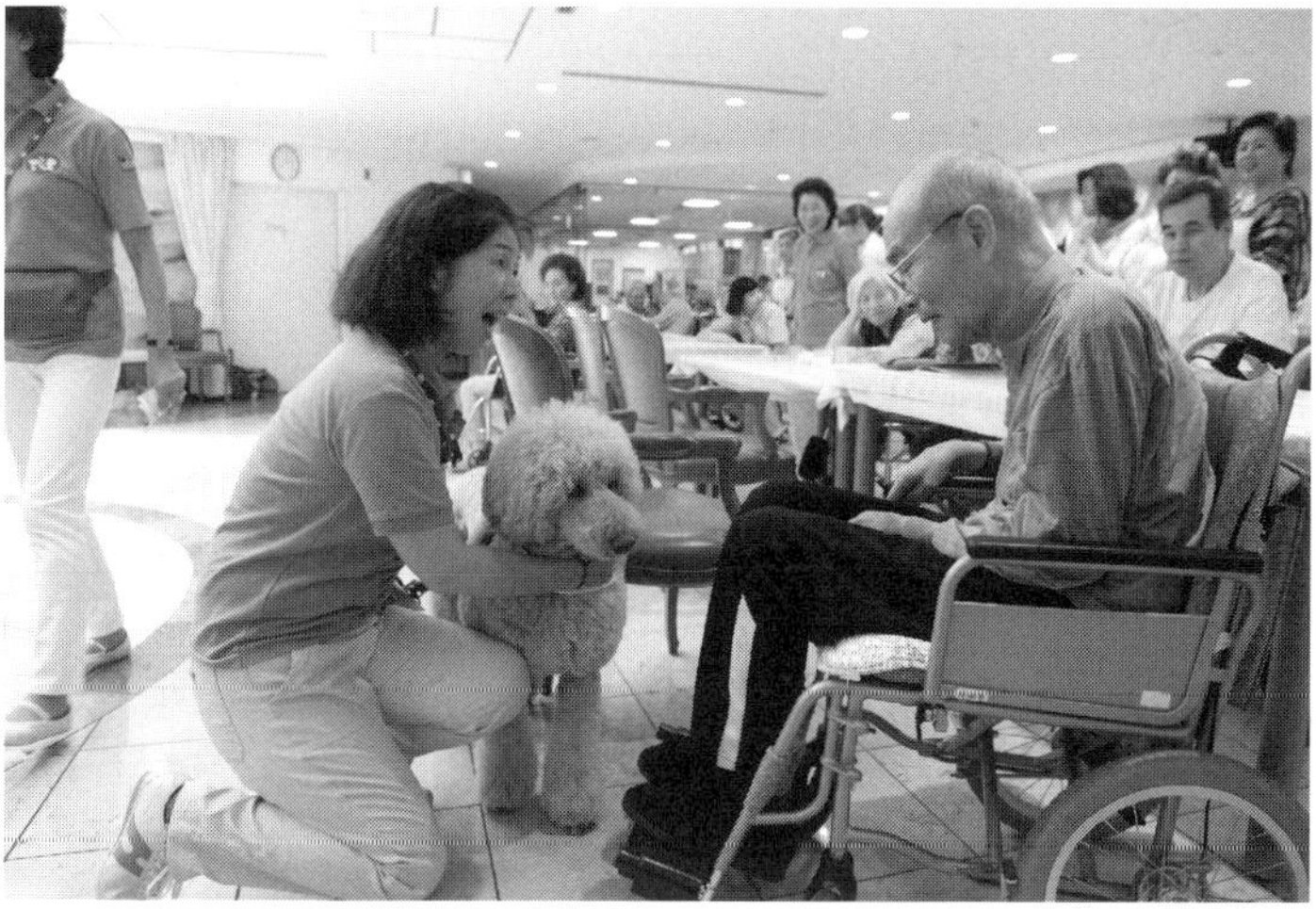

CAPPの高齢者施設での活動。訪問した犬と触れあう高齢者

ただ犬と暮らすだけでは健康になれない

犬は散歩が必要な動物です。雨の日に犬用のレインコートを着せて、人と一緒に散歩している姿を見かけたことがあると思いますが、そのくらい犬は散歩が大好きな動物です。

小型犬には散歩は不要と考えている人がいるそうですが、今はどんな犬種にも散歩が必要だと考えられています。

犬を散歩をさせないでいると、運動不足になって肥満になり、筋肉量が減少して関節などにトラブルが起こる危険性があるといいます。

また、散歩は犬のストレス解消に不可欠のもので、散歩できないことによってストレスがたまると、いたずら行動が増えたり、最悪の場合、ストレス性の病気にかかってしまうこともあるようです。

さらに散歩は、犬の本能である縄張りのチェックや、探索活動を満たす目的もあるので、犬には散歩が必要なのです。

散歩だけではありません。犬に食事を与えたり、排泄物《はいせつぶつ》の処理、体を洗ってあげることも必要です。

「犬と暮らすと健康になる」という理由だけで犬を迎え入れ、犬に必要なお世話をしないのであれば、犬も人も不幸です。

伴侶動物が衛生的な環境で、健康で快適に生活できるようにお世話をするのは一緒に暮らす人の義務です。それをしないと、動物虐待になってしまいます。

自分はそんなことはしないと思っている人も、雨の日でも散歩に連れて行くことを想像できるでしょうか？

そんな自分が想像できて、それが楽しいと思える人であれば、犬も人も幸せです。

犬にとって散歩は、外の刺激と接する大事な機会です。たとえば、散歩中に他の犬と触れあうこともあるでしょう。

一方、人にとっては、犬のオーナーさんどうしで情報交換などを行う貴重な機会になります。いわゆる犬友さんとのコミュニケーションの時間です。

もちろん、犬が見知らぬ人や犬に対して吠《ほ》えたり、攻撃しようとしないように、犬に対して十分なしつけをすることも大事です。

このように、犬と生活するというのはなかなか大変なことなのです。でも犬のお世話をしてあげて、犬が喜ぶ姿を見るのは、一緒に暮らす人にとっても大きな喜びになるはずです。

自分が死んだら伴侶動物はどうなる？

日本では「高齢者は伴侶動物と暮らすべきではない」といった意見をよく耳にします。

実際、保護犬や保護猫の譲渡会などでは、年齢制限を設けている場合が少なくありません。

動物保護団体や保健所・動物愛護センターなどでは、60歳以上もしくは65歳以上の世帯には譲渡しないところが多いようです。

犬種にもよりますが、犬の寿命は10～15歳くらいです。犬よりも寿命が長い猫でも、12～18歳ぐらいで、20年以上生きる犬や猫はまれです。

そのため、65歳以上の高齢者が保護犬や保護猫を譲渡してもらった場合、その動物たちが寿命をまっとうするまでその人が生きていられるかどうかわからないのは事実です。

これに対して、ペットショップでは年齢制限がないことが多いので、保護犬や保護猫を迎え入れることができない場合には、ペットショップで伴侶動物を購入する選択もないわけではありません。

しかし、ペットショップで購入できたとしても、自分が突然亡くなってしまえば、愛犬や愛猫はどうなってしまうのでしょうか？　そんな想像をして、自分には動物と暮らす資格はないとあきらめている人がいるかもしれません。

でも、最近では高齢者がお世話できなくなくなったときや、もしものときに、伴侶動物が路頭に迷わないようにお世話をしてもらえるしくみがあります。これらについては、第4章でくわしく紹介することにします。

もっと犬と自由に暮らせる社会を

いずれにしても、これからの時代は「高齢者は伴侶動物と暮らしてはいけない」ではなく、「どうすれば高齢者も伴侶動物を迎え入れることができるのか？」を、考えていくべきでしょう。

そのためのヒントとして、前述の柴内先生が名誉院長を務める赤坂動物病院がバックアップしている「70歳からパピーとキトンと暮らすプログラム」を本章の最後に紹介します。

パピーは子犬、キトンは子猫という意味です。人の平均寿命を86歳、犬猫の平均寿命を14歳とした場合、70歳から子犬、子猫と暮らし始めると、ちょうど同じくらいで生涯をまっとうできるというイメージから名づけられています。

柴内先生によると、「一般的に60歳から保護犬、保護猫の譲渡は難しくなりますが、むしろ70歳以上こそ動物と暮らすことが大事な時期だと考えて、15年ほど前からスタート」したとのことです。

また、譲渡される動物も子犬や子猫だけではなく、成犬や成猫もいます。

譲渡されるのは、獣医師のネットワークから引き受けた犬猫や、動物病院に通っている方が保護した犬猫や、動物保護団体から来る犬猫です。

譲渡を希望する人には、動物と一緒に暮らせる状況かどうかを確認したうえで、伴侶動物と暮らすために必要なことをお伝えし、必要に応じて犬のお世話や教育を行うといった覚書を作成します。

さらに万が一、一緒に暮らせなくなったときのための準備もしなければなりません。自分がお世話できなくなったら、家族がお世話してくれるのか、友人がお世話してくれるのか、といったことも決めておきます。

家族や友人がいない場合は、動物病院で引き取って、動物の新しい家族を探す約束をする場合もあるとのことです。

私は高齢者が迎え入れるなら、老犬（以下、シニア犬）や老猫（以下、シニア猫）が適していると考えています。

動物保護施設の譲渡会などで申し込みが多いのは、子犬や子猫をはじめ、若くて元気な犬や猫です。

シニア犬やシニア猫なら高齢者が最期まで世話ができる可能性がずっと高くなります。

シニア犬やシニア猫には、子犬や子猫にはない愛らしさがありますし、お世話のしがいがあるという人もいます。

犬を迎え入れたいと思っている高齢者には、このような選択があることも知ってほしいと思います。

高齢者への譲渡が難しいという現実がありますが、動物を愛する人が、もっと自由に犬（や猫）と暮らせる社会になってほしいと思います。

第3章

科学的データでわかった！高齢者が犬と暮らすと長生きできる

なぜ伴侶動物と高齢者の研究を始めたのか？

私が研究している老年医学の重要なテーマの1つに、フレイルがあります。フレイルのことは第1章で簡単に触れましたが、加齢とともに心身が弱々しくなること（虚弱）を意味します。

若い頃は、多くの方が「自立」して生活していますが、加齢とともにそれが難しくなってくるのです。

自立とは、自分以外の人の助けを借りなくても生活できる状態のことをいいます。自立できなくなれば、介護が必要になります。これを「要介護状態」といいます。

この自立と要介護状態の間にあるのがフレイルです。高齢期になると約1割の人がフレイル状態になります。

自立からフレイルの時期を経て、要介護状態になり、やがて人は死を迎えます。

しかし、以前はそのように考えてはいませんでした。人が死に至る原因は、病気で説明できると考えられていたのです。

たとえば、脳卒中《のうそっちゅう》により介護が必要になり、転んで骨折して要介護度が高くなった後に肺炎を患い、死に至るケースです。このような、病気により、身体の機能が急激に低下するという考え方を「疾病モデル」といいます。

でも、すべての高齢者が病気をきっかけに死に至るわけではありません。そこで生まれた新しい考え方が「フレイルモデル」です。

とくに病気はないけれど、体がだんだん弱々しくなって、要介護状態を経て死に至るケースです。このように身体の予備能力が徐々に低下するという考え方をフレイルモデルといいます。

医学用語でＡＤＬ（日常生活動作）という言葉があります。ＡＤＬとは、トイレに行く、お風呂に入る、着替える、といった身の回りの動作を意味します。このＡＤＬ

が低下する原因にもなるのがフレイルです。

フレイルによってADLの低下が進み、身の回りの動作ができなくなると、介護が必要になってきます。


ただし、フレイルになったすべての人が要介護状態になるわけではありません。フレイルの段階で対策を講じれば、フレイルから自立の状態に戻ることも可能です。しかし、フレイルから要介護状態まで進んでしまうと、自立に戻ることはほとんどありません。


自立からフレイル、フレイルから要介護状態、そして死に至るというのが、91ページに掲載したフレイルモデルです。

高齢者の健康寿命を延ばすためには、フレイルにならないようにする、あるいはフレイルになっても自立に戻れるようにすればよいわけです。それによって要介護状態になる人を減らすことができます。

要介護状態の人が増えると、社会全体から見ると、国や自治体の財政を圧迫します。

疾病モデル

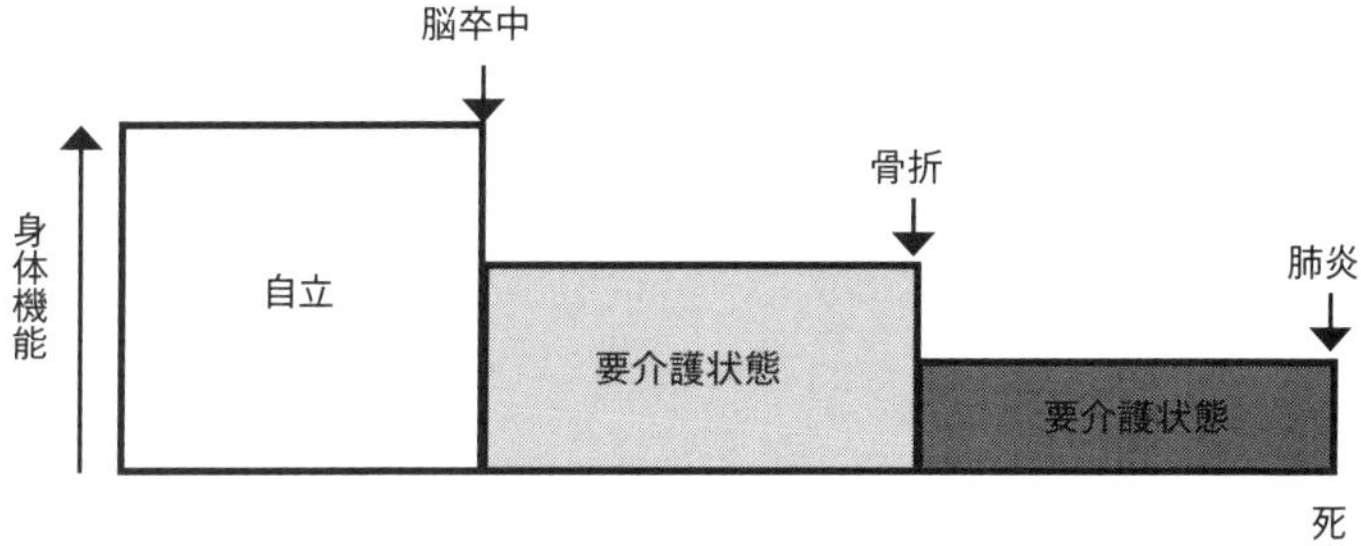

フレイルモデル

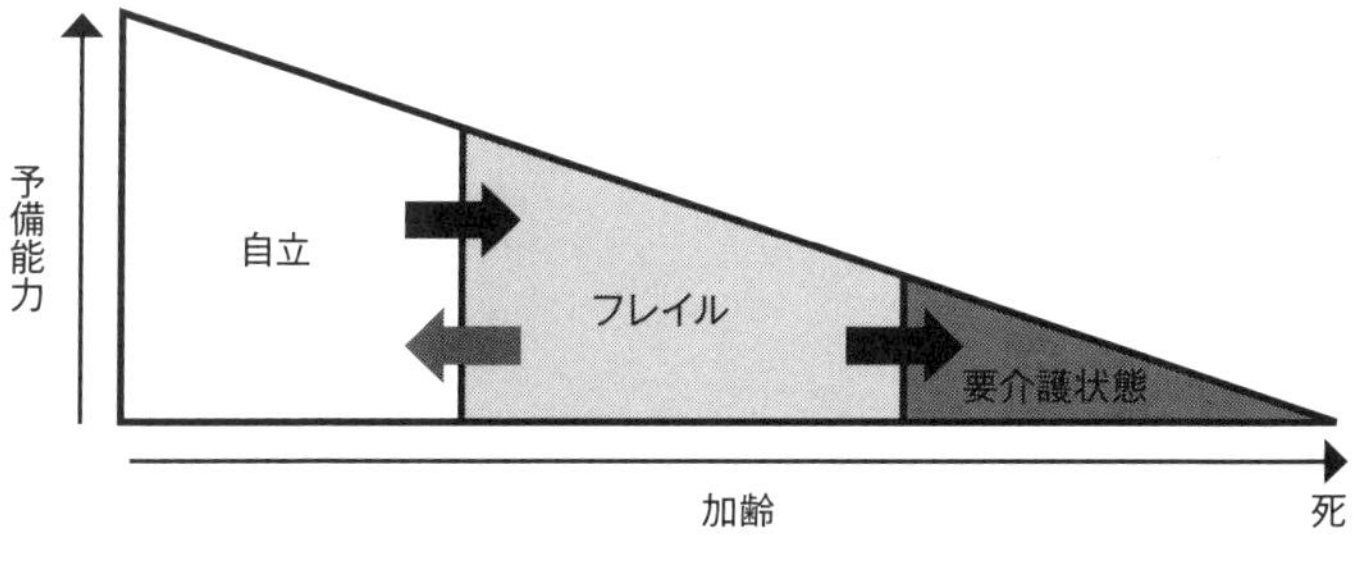

健康長寿に対する考え方が、従来の疾病モデルから、フレイルモデルに転換している。フレイルは、trailty（虚弱）の日本語訳であり、「体の予備能力が低下し、身体機能障害におちいりやすい状態」のことを指す

出典：健康長寿ネット
https://www.tyojyu.or.jp/net/tpics/tokushu/kaigoyobo-fureiru/frailty-gainen-teigi.html

その結果、今までの介護保険料だけではまかないきれなくなり、介護保険料の値上げや介護サービスの制限につながります。

今はまだなんとかやれていても、要介護状態の人が増えていけば、10年後、20年後にはこれまでのような介護サービスの提供は困難になるでしょう。

老年医学の分野で、フレイル予防に関する研究が進められているのは、このような財政的な問題の解決にも役立つと考えられているからです。

歩幅を広げれば認知症が予防できる

本章で紹介するヒューマン・アニマル・インタラクション（人と動物の関係学）の研究は、後でくわしくお話しするとして、その前に私が行った研究を１つ紹介することにしましょう。

それは歩き方に関する研究です。２０１２年に発表した研究で、歩き方と認知機能の関係を明らかにしています。

くわしく研究の内容を紹介しましょう。群馬県と新潟県に住んでいる高齢者からデータを集めました。

対象者の歩行速度、歩幅、歩調（テンポ）を調べ、最長4年間にわたり、認知機能の低下が起こったかどうかを追跡調査しました。

4年間で最終的に追跡できたのは666人でしたが、その中のおよそ6人に1人に認知機能の低下が見られました。

歩行速度、歩幅、歩調のうち、認知症の低下がもっとも強く関係していたのが、歩幅でした。歩幅が広い人では認知機能の低下が起こりにくく、歩幅の狭い人では認知機能低下が起こりやすかったのです。

そのリスク比は3・39。つまり、歩幅の広い人を1とした場合、歩幅の狭い人は3・39倍も認知機能の低下が見られたということになるのです。

この研究は、歩幅と認知機能低下の因果関係を明らかにしたものですが、17年には歩幅と認知症の発症についての論文を発表しています。

こちらは、延べ6509人を対象に12年間にわたり追跡調査しています。その結果、歩幅が狭いまま年齢を重ねていくと、認知症になるリスクが高くなることがわかりました。

具体的にいうと、歩幅が広い人に比べて、歩幅が狭い人の認知症発症リスクは2・21倍にもなっていました。

また、歩幅が狭い人も、広い人も、加齢とともに歩幅は狭くなっていくのですが、歩幅が狭いまま年齢を重ねることが、将来のどの時点においても、認知症のリスクが高いということがわかりました。

つまり、歩幅が狭い人は、歩幅を広げて歩く努力をすれば将来の認知症発症リスクが減らせるということになります。

年をとると誰でも歩幅が狭くなっていくのが普通です。たとえば、後を歩いている人にどんどん抜かれてしまうという経験をした人はいませんか。そのような人は若い頃に比べて歩幅が狭くなっているはずです。

そんな経験のある人は、自分の歩幅がどのくらいかをチェックしてみるとよいでしょう。ちなみに、広い歩幅を65cm以上と定義しています。

もしも、歩幅が狭くて歩く速度が遅くなっているのであれば、歩幅を広げて歩く習慣に変えれば、認知症の予防になるというわけです。この研究については、私の一般向けの著書も出版されているので、興味がある方はそちらをご覧ください。

運動習慣はなかなか身に付かない

運動が健康長寿にとって大切だということは、もはやいわれなくてもわかっていることだと思います。

とくに、高齢者の運動は、筋力低下やフレイルを防ぎ、認知症の予防に極めて有効です。

ただ、健康のために運動を始めたとしても、それを習慣化して、いつまでも続けられる人は少ないのです。

これは、老年医学の研究者にとって、悩ましい事実です。高齢者に運動習慣を身に付けてもらおうとしても、ほとんどの人は長続きしません。

歩くだけ、いわゆるウォーキングも、毎日続けられるのであれば、よい運動習慣になります。

でも今まで運動してこなかった人が、新たにウォーキングを始めたとしても、それを何年も持続できる人というのは、少数派なのではないでしょうか。

運動習慣がない人は筋力低下が進みやすく、前述したＡＤＬ（日常生活動作）も低下しがちです。その結果、フレイルにおちいりやすいのです。

また、フレイルになると、外に出かける頻度が少なくなり、家族や友人、知人とのつながりが弱くなります。その結果、社会から孤立するリスクが高くなります。つまり、社会との関係が希薄になる社会的フレイルにもなりやすいということです。

このような悪循環を防ぐため、家に閉じこもりがちな高齢者をどうやって外出させるかは、研究者や行政の課題の1つにもなっています。

しかし、「これさえやればみんな外に出てくれて、運動もしてくれる」といった夢のような解決策はありません。

確かに、そんな方法があれば、要介護状態になる高齢者は少なくなっているはずです。

自治体によっては、みんなで集まって体操をするとか、集いの場を設けるなど、いろんな取り組みがあるのですが、閉じこもりがちな高齢者に、こうした場に参加してもらうのはとても難しいのです。

伴侶動物と暮らせば一挙に解決？

どうすれば、高齢者に運動習慣を持続してもらえるのでしょうか？　そして、社会とのつながりを維持して孤立を防げるのでしょうか？

いろんなアイデアを私も考えてきました。あるとき、私の頭に浮かんだアイデアが伴侶動物と暮らすことでした。

伴侶動物と生活すれば、運動が必要になります。犬は散歩が必要な動物ですし、猫も遊んであげないとストレスがたまるので、一緒にいる人は必然的に体を動かすことになります。

また、伴侶動物と生活することは社会とのつながりを持つことにもなります。犬の散歩のときに誰かと会話する機会が増えるでしょうし、猫が好きなら猫好きの仲間が増えるかもしれません。

さらに、伴侶動物と暮らすことは、心理的な安定につながります。伴侶動物をなでたりすることでストレスの解消になるでしょう。

こうした可能性が考えられるので、伴侶動物との生活が高齢者のフレイルや認知症の予防に有効ではないかと考えたわけです。


この考えに行き着いたのは、もちろん私自身が愛犬家で、自分も犬と暮らしていたからという理由もあります。

犬と暮らした経験がある人はわかると思いますが、犬と生活すると毎日散歩に行かなければなりません。

雨が降っていても行かなければなりません。必然的に運動習慣を継続することができるのです。


犬を散歩させていると、近所の人とよく会ったり、犬友さんとの会話が盛り上がることもあります。

また、犬と生活していると、動物病院の獣医師やスタッフとも関係を持つことにもなります。

このように、犬との生活は、孤立を防ぐ必然性も出てくるのです。これは猫にもいえることです。

人は必然性があれば、行動を習慣化することができます。伴侶動物と暮らせばさまざまな必然性が生まれます。

それによって、運動習慣や社会とのつながりを維持できるのではないかと、私は考えました。


海外の研究についても調べました。ヨーロッパやアメリカの高齢者では、伴侶動物がいる人は運動習慣のある人が多く、またスポーツ医学会が推奨している身体活動量に達しているといった研究があります。

でも、そうした研究結果が日本の高齢者にもあてはまるかどうかはわかりません。

そこで、それを私たちの研究によって明らかにすることにしたのです。

犬や猫がいる人はどういう人なのか？

研究のテーマは、今までお話ししてきたように、伴侶動物がいると、フレイルや要介護状態、認知症がどのくらい予防できるか、などがありました。

しかし、これらすべてを一度に調べることはできません。研究は一歩ずつ段階を踏んで進めていかなければならないのです。

最初に行ったのが、「伴侶動物がいる人はどういう人なのか？」を明らかにすることでした。

そこで、日本の犬猫（犬または猫）がいる高齢者はどのような特徴があるのかを調べることにしました。

研究のためのデータは、東京都在住の65歳以上の1万1233人（女性51・5％）の調査によるものです。

この研究は、犬や猫と生活している高齢者の特徴を明らかにすることが目的ですが、そのための調査項目は多岐にわたります。

たとえば、その1つに収入があります。収入が多い人のほうが犬猫と生活している人が多いのではないかと想像できますね。犬猫と生活するには経済的な余裕が必要だからです。

また、家族がいるのか1人暮らしかも調査しています。自分の体調が悪くても、家族が代わりに犬猫のお世話をしてくれるので、家族がいる人のほうが犬猫と生活しやすいと想像できるでしょう。

あるいは、犬猫がいる人は病気を持っているのかいないのか、ということも調べています。犬猫がいる人は健康な人のほうが多いような気がしますね。

このような犬猫と暮らしている人のさまざまな背景要因とともに、身体的・社会的・心理的特徴を分析していきました。

分析した背景要因は、性別、年齢、世帯人数、婚姻状況、学歴、収入、雇用、慢性疾患の病歴、過去1年間の入院歴、飲酒、喫煙、睡眠、食習慣、運動能力、身体活動量、社会参加、孤立、抑うつ度、心の健康状態などがあります。

この研究から犬と生活している人は、今まで一度も犬と暮らしたことのない人に比べて、運動機能が高く、身体活動量が多いということがわかりました。

また、犬や猫と生活している人は、近所の人との交流が多く、社会的孤立が少なく、近所の人への信頼感が高いこともわかりました。

この研究を行ったことで、犬がいる人はよく運動している人が多く、犬や猫の存在が社会とのつながりに有効であることがわかりました。一方、心理的な特徴は見られないこともわかりました。

犬と暮らすとフレイルになりにくい

その後の私たちの伴侶動物と健康に関する研究は、この最初の研究がベースになっています。ここから、作戦を立てて順々に研究を進めていくことにしました。そして、次に取り組んだのがフレイルの研究です。

91ページのフレイルモデルのグラフは、人の老化がどのように進んでいくのかを表しています。

このグラフの横軸は年齢、縦軸は体の予備能力を示しています。年齢を重ねるにしたがって予備能力は直線的に低くなっていくことがわかります。

現在、介護が必要な人も、若いときは健康で自立した生活をしていたはずです。自立した状態から介護が必要になるまでの間にフレイルがあったわけです。

では、犬猫と生活している自立した高齢者は、犬猫がいることによってフレイルになるのかならないのか。それをまず調べてみることにしました。

この研究の対象となる高齢者は、自立した高齢者でなくてはなりません。自立した高齢者を追跡調査することによって、その人たちがフレイルになったのかどうかを調べていくのです。

調査は2016年、2018年に行っています。16年の段階でフレイルではなかった高齢者のデータを整理し、その人たちが18年にフレイルになっていないかどうかを調べていきます。

分析には、「犬猫がいる・いない」はもちろん、最初の研究と同じように、家族構成や収入、これまでの病歴などの背景要因も使用します。

もちろん、フレイルの状況も質問しています。フレイルであるかどうかは医学的な評価方法があるので、それにあてはまるかどうかを判定します。

この研究では、東京都在住の65歳以上、6197人（平均年齢73・6歳、女性53・6％）に追跡調査を行うことができました。

この人たちを「今まで一度も犬や猫と生活したことがない人」「過去に犬や猫がいた人」「現在犬や猫がいる人」に分けて分析します。

その結果、「今まで一度も犬や猫と生活したことがない人」を1とすると、「現在犬や猫がいる人」がフレイルになるリスクは0・87、「過去に犬や猫がいた人」がフレイルになるリスクは0・84であることがわかりました。つまり、犬や猫と生活していた人や生活している人がフレイルになるリスクは13～16％低いということです。

では、フレイルのリスクを下げるのは犬なのでしょうか、それとも猫なのでしょうか。

その分析を行うと、現在犬がいる人で0・81、過去に犬がいた人では0・82であることがわかりました。

猫の場合は、現在猫がいる人のリスクは1・04、過去に猫がいた人では0・89で、いずれも統計的に意味のある差はありません。

つまり、フレイルのリスクが低くなるのは猫ではなく、犬だったのです。過去に犬と生活したことがある人や、現在犬と生活している人は約2割もフレイルになりにくいという結果が得られましたが、猫では効果が見られなかったのです。

この結果は、前述した「犬猫がいる・いない」に関係する背景要因、つまり、性別や年齢、家族、食事や病歴などの影響を取り除いたものです。

わかりやすくいうと、同じ年齢や同じ家族構成、同じ病歴など、背景要因が同じだったとしても、そこに犬がいるかどうかだけの差だけを見ています。

「自立喪失」にもなりにくい

この研究で、犬がいる人は、犬がいない人に比べて、フレイルのリスクが約2割低くなることが明らかになりました。

そこで次に、私たちは伴侶動物が要介護状態や死亡に関連しているかを研究しました。

もしかしたら、犬がいる人はフレイルから要介護状態に移行しにくいのかもしれません。それを明らかにしようと思ったわけです。

犬との暮らしとフレイルの発症リスク

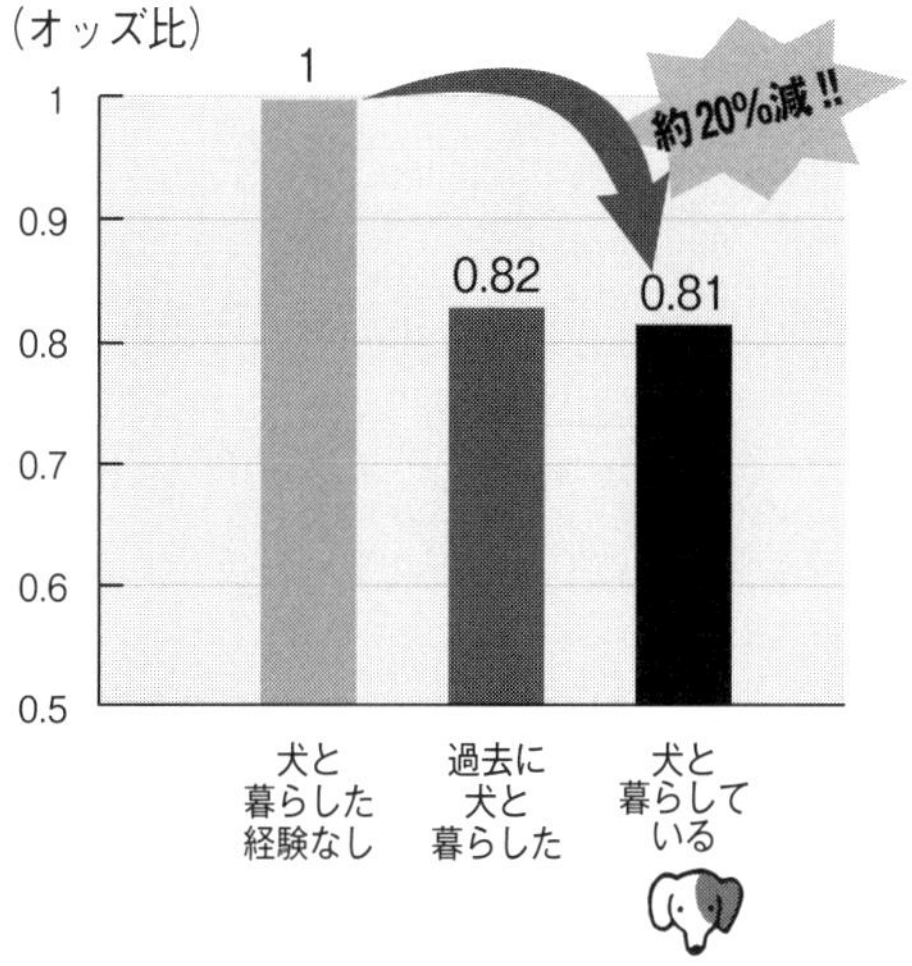

この研究では要介護状態と死亡を1つにまとめています。要介護状態と死亡を合わせた「自立喪失《じりつそうしつ》」という言葉があるので、今後はこの言葉を使うことにします。

つまり、犬と暮らすことで自立喪失（要介護状態や死亡）を先送りできるかどうかを、この研究で明らかにしようとしたわけです。

対象者は16年の調査に回答した東京都在住の65歳以上の1万1233人（平均年齢74・2歳、女性51・5％）でした。

これらの人を追跡して自立喪失の有無を調査するわけですが、ご存じのように20年に新型コロナウイルス感染症の大流行がありました。

新型コロナウイルス感染症による自立喪失の影響を除外するために、この研究では20年1月までを追跡期間としています。

前回と同じように、伴侶動物（犬猫）と生活している人は、一度も犬猫と生活したことがない人と比べて、自立喪失が発生するリスクが低いかどうかを分析しました。

その結果、前の研究と同様に、一度も犬猫と生活したことがない人のリスクを1と

犬との暮らしと自立喪失（要介護または死亡）発症リスク

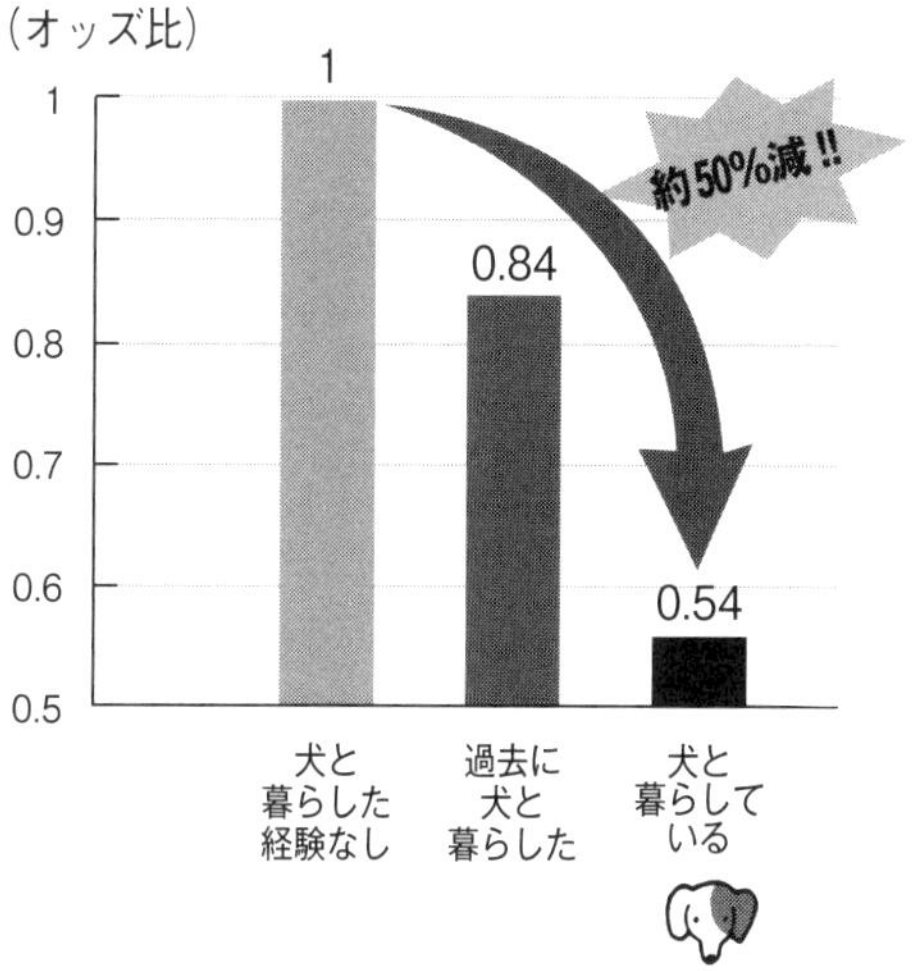

すると、過去に犬猫と生活していた人が自立喪失を発生するリスクは0・88、犬猫と生活している人では0・71になることがわかりました。

つまり、犬や猫がいる高齢者は、3割近くも自立喪失のリスクが低いということになります。

では、自立喪失のリスクをより減らせる伴侶動物は犬なのでしょうか、それとも猫なのでしょうか。

結果はやはり犬で、犬と暮らしている高齢者が自立喪失を発生するリスクは0・54でした。なんと5割近いリスク減になることが示されたのです。

これに対して、過去に猫がいた人では1・00、猫と暮らしている人では1・08という結果でした。つまり、猫と生活している人では自立喪失のリスクを下げる効果はなかったということになります。

これらの結果も、前の研究と同じように、性別や年齢、家族構成、食事などの影響

犬との生活および
運動習慣の有無別に見た自立喪失発症リスク

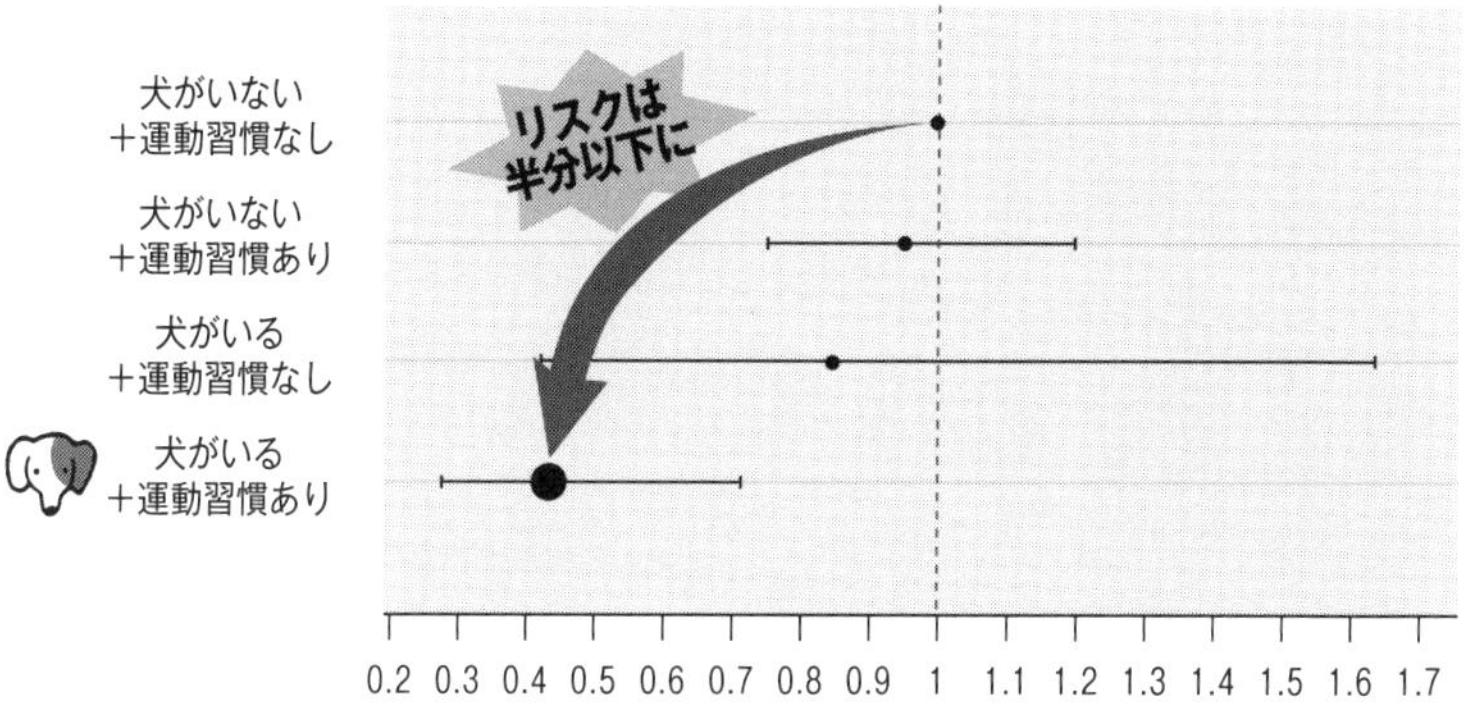

を取り除いています。

それでも、現在犬と生活している人は、今まで一度も犬がいなかった人に比べて自立喪失のリスクが約半分になるということです。

では、どうして犬のほうが自立喪失に至るリスクを下げる効果が大きいのでしょうか。一番考えられるのは、犬の散歩による効果です。

そこで、犬と生活した経験と運動習慣を組み合わせて分析してみました。すると、犬がいても運動習慣のない人は、自立喪失のリスクは下がりませんでした。

これに対して、犬がいて運動習慣もある人のリスクは0・44になることがわかりました。

犬を散歩することによる日々の運動習慣が、要介護状態や死亡のリスクを抑制していると考えられます。

介護コストが減らせる可能性も

犬がいる人は、そうでない人に比べて、フレイルになりにくく、要介護状態になりにくく、死亡しにくいということがわかったわけですが、それは犬と生活している人に対するメリットです。

逆にいうと、動物が好きではない人にとっては、関係ない話題になってしまいがちです。

でも、犬と暮らすことによる個人への健康効果が、社会全体にも還元されている可能性があります。

それを客観的に示す指標に、社会保障費への影響があります。

医療費や介護費などの社会保障費は、年々上昇を続け、国の予算を圧迫しています。社会保障費の抑制は、社会的な課題になっています。

もちろん、社会保障費を抑えるために、いろんな取り組みが行われています。介護予防もその1つです。

要介護状態になる人を減らすことができれば、その分の社会保障費が抑制できることになります。

そこで伴侶動物が、個人の健康効果だけでなく、社会全体としてのメリットになりうるのかを調べることにしました。

犬や猫がいる人は社会保障費をたくさん使うのか、それともあまり使っていないのか。それを明らかにしたかったのです。

対象となったのは、埼玉県在住の65歳以上の460人（平均年齢77・7歳、男性61・6％）です。

この研究では、犬、猫、その他の伴侶動物と生活しているかどうかを調査しました。

そして、この人たちの約1年半の医療費と介護給付費の推移を調べました。

その結果、調査時点の1人当たりの月額医療費は、伴侶動物がいる人では

4万8054円、いない人は4万2260円でした。

これらの金額は統計学的に意味のある差ではありません。つまり、伴侶動物がいる人もいない人も、医療費には差がないということです。

伴侶動物がいる人もいない人も、病院に行ったり、お薬を飲んでいるということです。

ところが、介護費用については意味のある差がありました。調査時点の1人当たりの月額介護給付費は、伴侶動物がいる人は676円、いない人は1420円で、追跡期間中に最大2・3倍の差があったのです。

つまり、伴侶動物の存在は、個人への直接的な健康効果（フレイルや自立喪失の予防）だけでなく、社会保障費の抑制効果という社会全体への効果が期待できることがわかりました。

今後の研究では、「費用対効果」を調べる必要があります。

社会保障費への影響は？

月額医療費

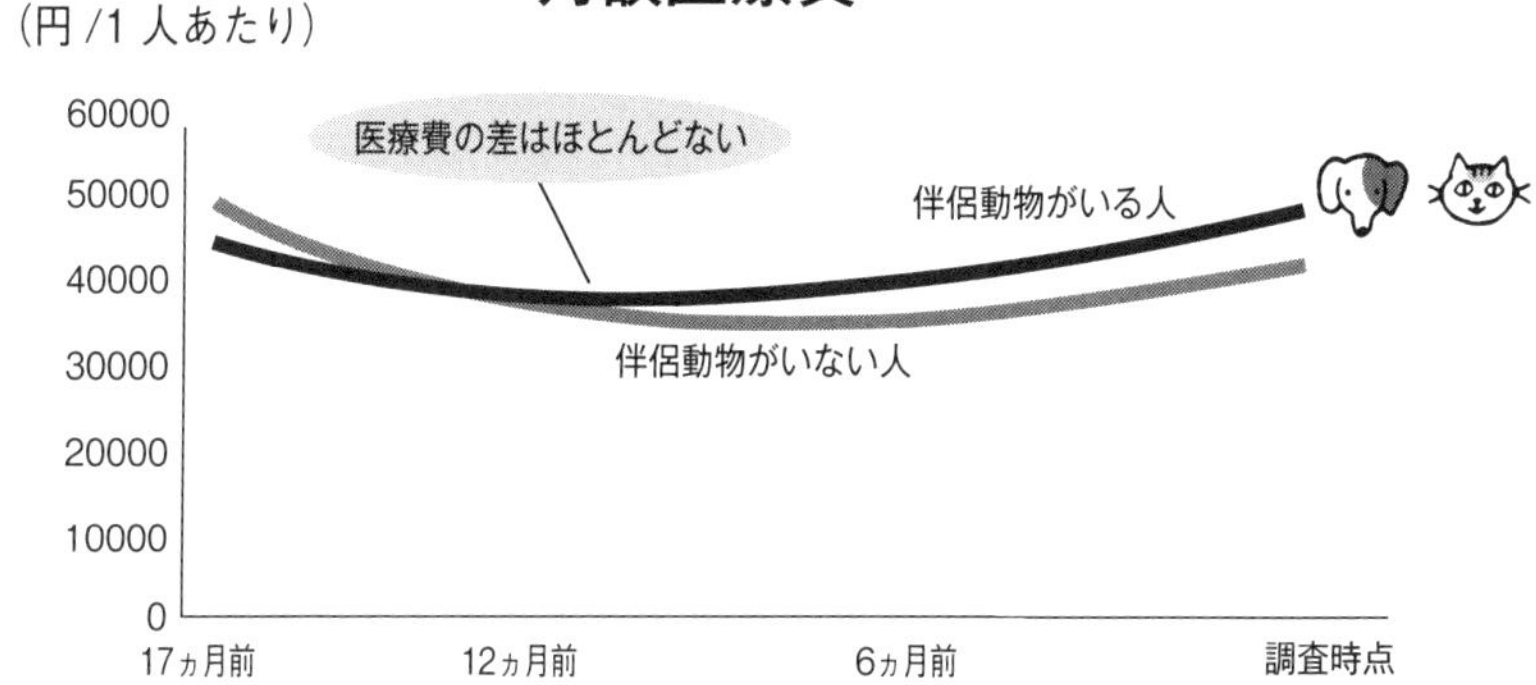

月額介護費

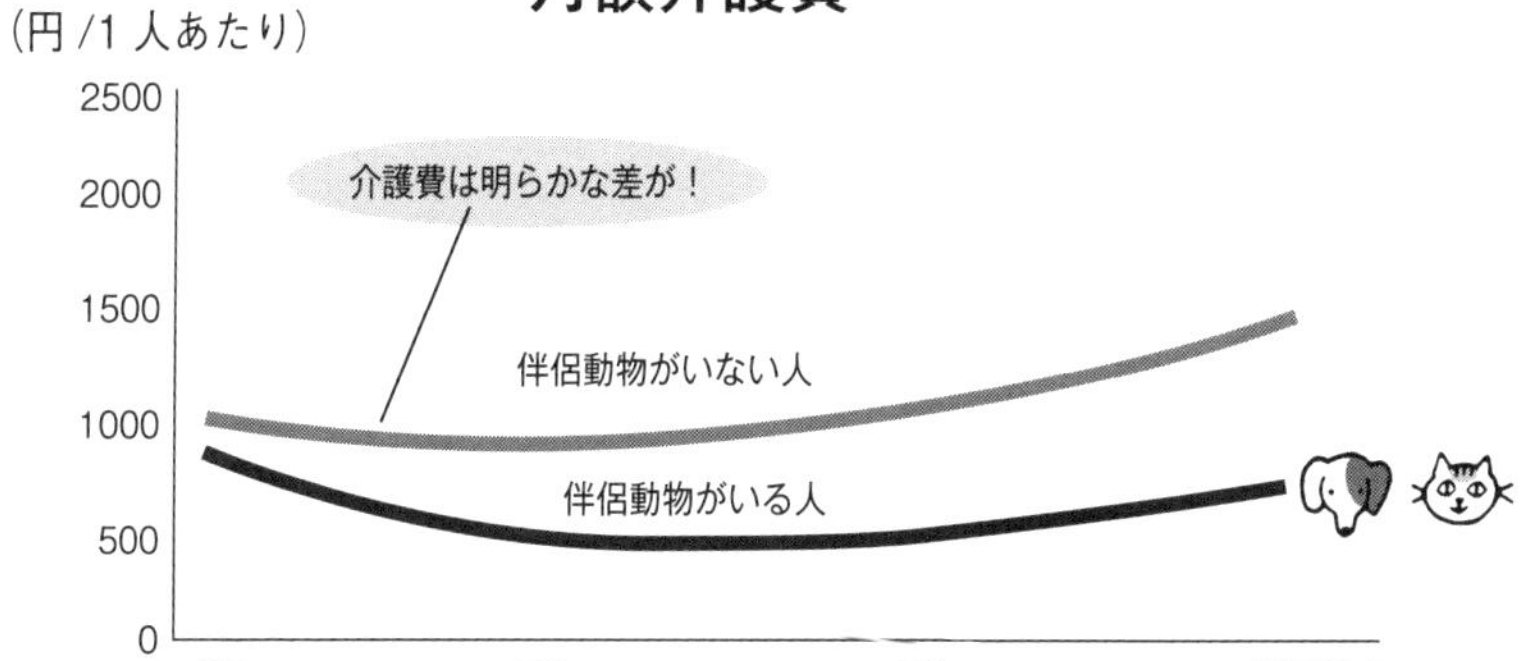

伴侶動物との暮らしで、介護の発生を先送りしたり、介護給付費を抑制することによって、本来発生していたはずの費用が、伴侶動物をお世話するための費用（ペットフード代や動物病院の費用）を上回っていれば、伴侶動物との暮らしを推奨する根拠になります。

実はその研究も私たちは進めているのですが、まだ答えは出ていません。もう少し時間がかかりそうです。

この研究では、伴侶動物がいる人の介護費は、伴侶動物がいない人の半額以下であることが示されました。

その理由として、伴侶動物がいる人は、家族や友人、近所の人などとの関係性が構築できているからではないかと考えています。

伴侶動物と暮らす人は、家族や友人、社会とのつながりが強いため、介護が必要になったときに、周囲の人に頼み事ができるのかもしれません。

その結果、伴侶動物がいる人では、介護サービスの利用頻度が少なかったり、比較的軽度のサービスの利用で生活できるのではないかと想像できます。

認知症のリスクが40％減

私たちのもっとも新しい研究は、伴侶動物がいると認知症のリスクを減らせるかどうかを明らかにしたものです。

認知症は要介護状態になる原因の第1位で、フレイルとも密接な関係があります。伴侶動物がいる人は、いない人よりも、認知症の発症リスクが低くなるのではないかと考えたのです。

この研究は、今までと同じように、対象者を追跡調査しています。対象者を追跡調査したときに認知症になったのかどうかは、介護保険のデータに基いて判定しています。

要介護認定の際、認知症に関する項目があるので、それらの情報から認知症になった人を特定するのです。

対象となったのは、16年の調査に回答した東京都在住の1万1194人（平均年齢74・2歳、女性51・5％）です。

20年に、それらの人のうち何人が認知症になったかを調査しました。

分析の結果は、伴侶動物がいない人を1とすると、犬がいる人の認知症になるリスクは0・60、猫がいる人は0・98でした。

つまり、犬と生活している人は4割もリスクが低く、猫と生活している人はほとんど差がないということです。

今回も、猫では統計的に意味のある効果はないという結果になりました。

この研究では、今までの研究よりも新しい統計学の手法を用いています。くわしい内容は省きますが、この研究では犬や猫のオーナーが持つ傾向を多くの要因（年齢、性別、家族、収入、健康状態など）から考慮し、その影響を取り除いています。

ではどうして犬と生活している人は、そうでない人よりも、認知症になるリスクが

40％も低いのでしょうか。

そこには重要な要因があります。それはやはり、運動習慣と、社会とのつながりです。この研究ではこの点を深く分析しています。

まず運動習慣ですが、犬がいて運動もしている人のほうが、犬がいて運動をしない人よりも、明らかに認知症発症リスクが低いことがわかりました。

社会とのつながりも、犬がいて社会的孤立がない人のほうが、犬がいて社会的孤立がある人よりも認知症のリスクが低いことが明らかになりました。

125ページのグラフは犬がいない人で運動習慣もない人の認知症発症リスクを1としています。犬がいて運動習慣がある人の場合は、6割以上も認知症のリスクが低くなっています。

これに対し、犬がいて運動習慣がない人は、グラフの横の棒がとても長くなっていますね。これは推定値の幅で、リスクが高い人もいれば低い人もいて、ばらつきが大きいことを示しています。つまり、認知症のリスクが低いとはいえないことを意味しているのです。

犬がいて社会とのつながりがない（社会的孤立あり）人も同様で、推定値がばらついています。

これに対し、犬がいて社会とのつながりがある（社会的孤立なし）人の認知症発症リスクは約６割低くなっています。

このデータから、犬との生活に加えて、運動習慣はもちろんのこと、社会とのつながりも健康維持に大きな役割を果たしていることがわかります。

一連の研究で、犬がいる高齢者はフレイルや自立喪失、認知症になりにくいことがわかったわけですが、犬がいるだけではその効果は得られないということです。

たとえば、自宅に犬がいるけれども、犬のお世話は家族にまかせていて、家の中に閉じこもりがち（社会的孤立）な人を想像してください。犬がいるのに運動習慣がなかったり、社会とのつながりがない人です。

犬との生活および運動習慣の有無別に見た認知症発症リスク

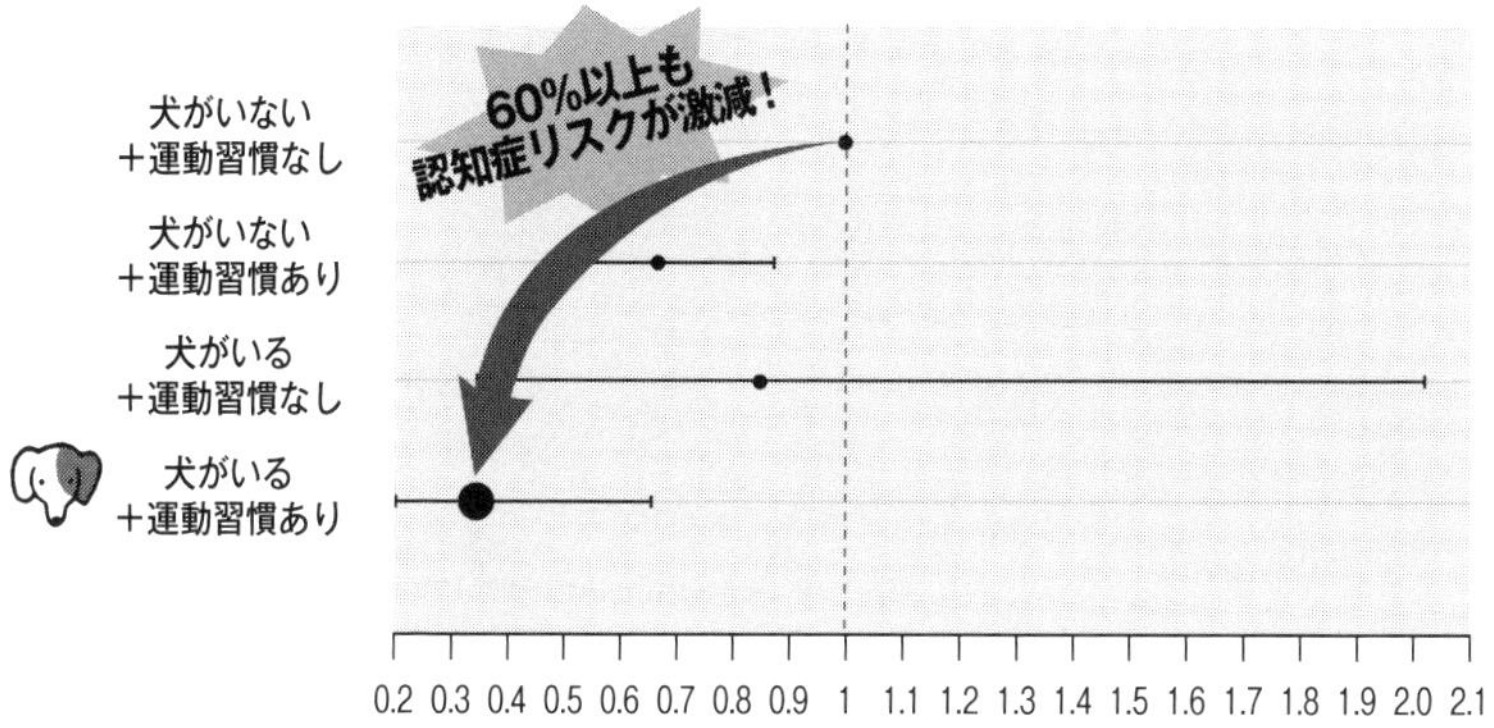

逆に、毎日犬の散歩をしていて、しょっちゅう犬友さんと立ち話をしている人を思いうかべてください。犬がいて運動習慣があり、社会とのつながりがある人です。

犬と暮らしているだけでは健康効果はありません。愛情をもって愛犬のお世話をすることで、身体的・社会的に活発な生活をしている人にのみ、健康長寿の恩恵が得られるのです。

犬との生活および社会的孤立の有無別に見た認知症発症リスク

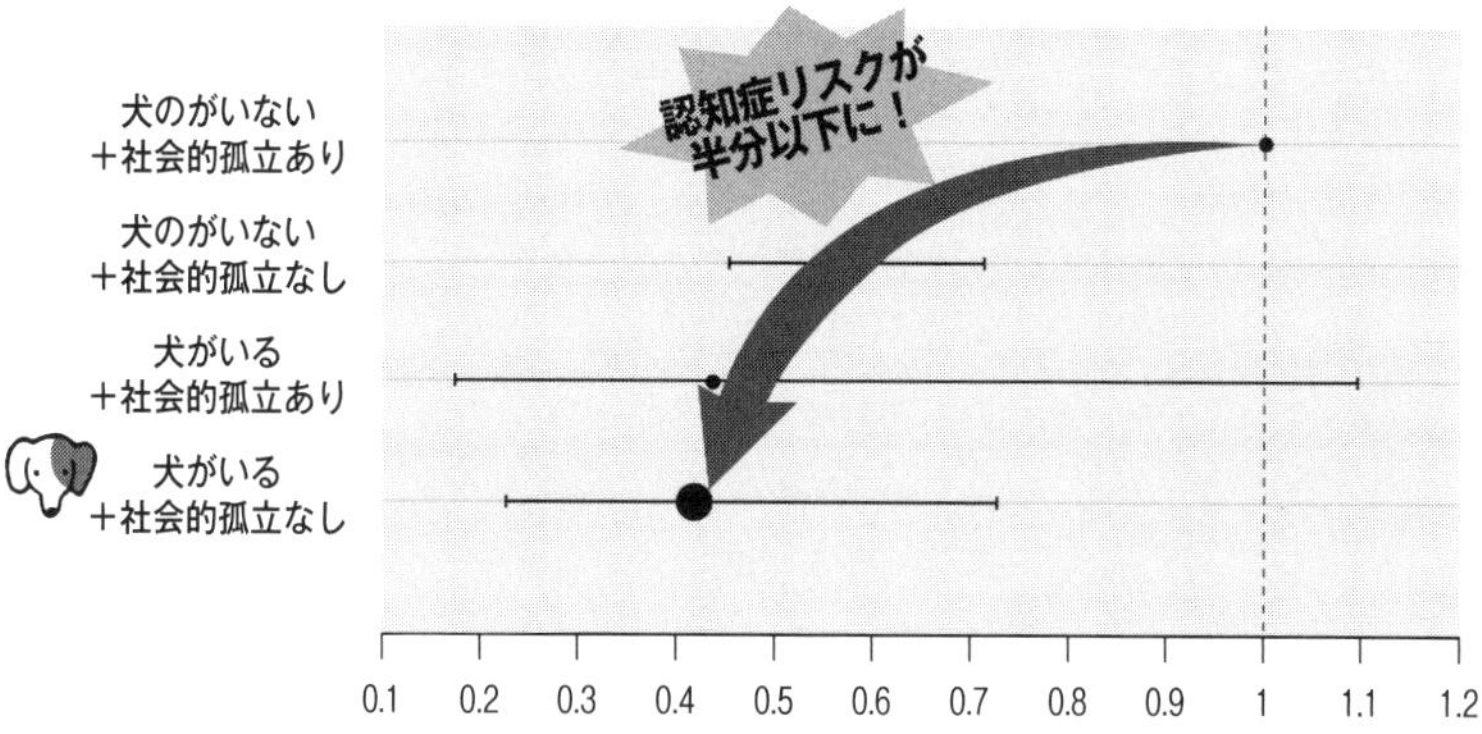

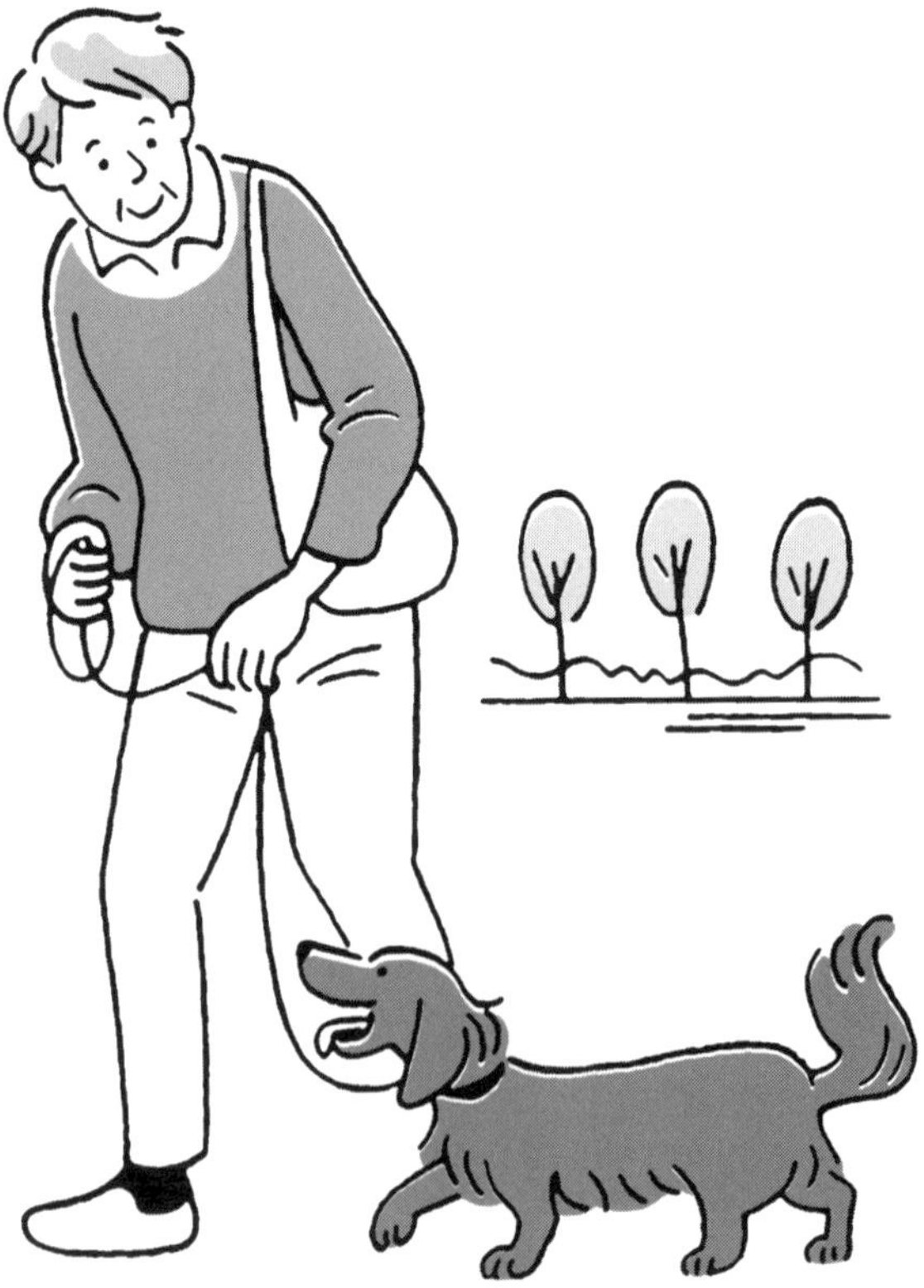

第4章

高齢者が犬と暮らすためのアドバイス

犬と暮らすのは初めて

あなたが犬が好きで、ぜひ一緒に暮らしてみたいと考えているとします。でも、犬と暮らした経験のない人もいるでしょう。子どもの頃に実家に犬がいたけれど、大人になって実家を出てからは犬を迎え入れたことがない、という人もいると思います。

犬との生活は、「食べ物さえ与えておけばよい」というわけにはいきません。これは法律でも定められています。

日本には「動物の愛護及び管理に関する法律」(以下、動物愛護管理法)があり、オーナーが責任を徹底することが定められ、動物が亡くなるまでお世話をし続ける責務などが盛り込まれています。

にもかかわらず、動物を虐待したり、一緒に生活できなくなって捨ててしまうといったニュースが後を絶ちません。

犬が好きで、犬との暮らしを楽しみにしている人であれば、犬を虐待してはいけないとか、最期までお世話しないといけないというのは、あえていうまでもないことでしょう。

こうしたことを理解していて、万が一、一緒に暮らせなくなったときの準備ができる人には、犬との生活をおすすめしたいと思います。そして、実際に犬と暮らし始めたら、楽しい生活が待っているでしょう。

実際に犬と暮らして、散歩に出かけたり、犬との触れあいを重ねることで、それが人にとっても、犬にとっても、楽しい時間であることがわかると思います。

でも、楽しいことばかりではありません。犬が具合悪そうにしているときは、動物病院に連れて行かなければなりません。犬の体調管理もお世話をする人の大事な仕事なのです。

また、ほかの人や犬と安全に暮らすことができるように、犬にしつけをすることも大事な仕事です。

犬のしつけは専門の書籍を参考にしながら、専門家からアドバイスを受けることをおすすめします。ドッグトレーナーや獣医師から助言を得ながら、愛犬に適したしつけに挑戦しましょう。

動物愛護管理法に基づき、犬や猫にはオーナーの情報を記録したマイクロチップ装着が義務づけられています。

このため、現在はブリーダーやペットショップなどで購入した犬や猫にはマイクロチップが装着されています。

ただし、マイクロチップを装着していない犬や猫を、知人や動物保護団体などから譲り受けた場合は努力義務（任意）とされています。

マイクロチップの情報は、「犬と猫のマイクロチップ情報登録」システムに登録することができます。オーナーは、オンライン書面により、自分の情報に変更します。

このシステムがあるため、犬や猫が保護されたときには、オーナーを特定することができるわけです。

このように、犬との生活には、いろんな責任をともないます。こうした責任を認識して、一緒に暮らせなくなったときの準備ができていれば、犬との生活を楽しんでいただきたいと思います。

ただ、私たちの研究が新聞などのマスコミで紹介されると、それに対して批判するコメントも少なくありません。

とくに、インターネットに記事が掲載されると、そうしたコメントが寄せられることがあります。

たとえば、高齢者が犬を迎え入れて、オーナーが先に死んでしまったらどうするのか、高齢者に伴侶動物との生活をすすめるのは無責任だ、といった批判です。

これらのコメントを無視するわけにはいきません。

とくに高齢者が犬を迎え入れた場合、オーナーが愛犬よりも先に死んでしまうのではないか？　という問題には答えておく必要があるでしょう。

保護犬・猫の譲渡には年齢制限がある

ここからは猫の話も出てきますが、伴侶動物と生活することの問題として一緒に考えていきたいと思います。

保護猫の譲渡については、テレビでもよく取り上げられているので、ご存じの方も多いと思います。

野良猫などを保護し、譲渡会を開催して、新しい里親を見つけてあげるのが保護猫活動です。

でも、誰でも譲渡してもらえるわけではありません。とくに高齢者には難しい場合が多いのです。というのは、譲渡される人の年齢制限を設けているシェルター（動物保護施設）が多いからです。

60歳以上のみの世帯には譲渡しないシェルターが多いようですが、50代でも譲渡できないところもあるようです。

また、年齢制限に加えて、継続した収入のない世帯へは譲渡しないというシェルターもあるようです。


保護猫を譲り受けた人から聞いたことがあるのですが、年齢はもちろん、家族の人数、日中家にいるかどうか、家に子どもがいるかどうかなど、家庭の事情をよく調べて、ようやく許可が下りるシェルターもあるそうです。

保護犬を扱っているシェルターも、猫のシェルターと同じように、年齢制限をつけているところが多いと思います。


年齢制限を設けていないシェルターやブリーダーがあったとしても、自分にもしものことがあったらと考えて、犬を迎え入れるのを足踏みしてしまう人もいるのではないでしょうか。

自分が先に亡くならないまでも、病気をして犬のお世話ができなくなってしまうことがあるかもしれません。

あるいは、老人ホームなどの高齢者施設に入所することになった場合、犬を受け入れてくれる施設は限られているため、犬との生活をあきらめている人もいると思います。

伴侶動物と暮らせる高齢者住宅

米ミズーリ州コロンビアには伴侶動物と一緒に暮らせる「タイガープレイス」という高齢者施設があります。

自分がお世話している犬や猫と一緒に入れる入居施設で、介護が必要になり、自分で動物のお世話ができなくなっても、スタッフが食事や散歩を担ってくれます。

さらに入居者が動物よりも先に亡くなった場合は、適切なお世話をしてくれる人を探してくれるサービスもあるようです。

この施設の近くにあるミズーリ大学では、ヒューマン・アニマル・インタラクション（人と動物の関係学）の研究が進められており、大学の先生たちが州知事に働きかけて、この施設がつくられたという背景があります。

一般的な高齢者施設よりも高額ではありますが、入居募集を始めたら大人気で、入居待ちになっているということです。

日本でも、まだ数は少ないものの、伴侶動物と一緒に入居できる高齢者施設をつくろうと、いろんな取り組みが行われています。

神奈川県横須賀市の「さくらの里山科」は、犬や猫と入居できる特別養護老人ホームです。

「シルバー産業新聞」の記事（20年11月10日付）によると「さくらの里山科は100床の特別養護老人ホーム。ユニット型で、3フロアある居室のうち、2階がすべて動物と暮らせるフロア」になっていて、施設が迎え入れた保護犬や保護猫もここで生活しています。

このフロアに入居を希望する人は、「もともと自宅で飼っていて一緒に入居した人のほかに、自身が高齢になって何かあった時にペットを不幸にしてしまうとの不安から、飼うのをあきらめた人」もいます。伴侶動物にかかる「餌《えさ》代や医療費は一緒に入居した利用者が負担し、保護された犬猫分は施設が負担」するとのことです。

入居者が先に亡くなった後も、さくらの里山科の犬や猫としてお世話が続けられます。

兵庫県尼崎市では、高齢者と動物が安心して暮らせるように、伴侶動物のいる高齢者の自宅を定期訪問するボランティア活動が行われています。

これは尼崎市の「NPO法人　C．O．N」が取り組む「高齢者とペットの安心プロジェクト」の一環で、高齢者の代わりに犬の散歩のお世話をしたり、動物病院への通院などの相談に応じるといった活動をしています。

また、動物のお世話に関わる買い物などの支援や、入院時の伴侶動物の一時預かり、お世話できなくなったときに里親を探すといった活動にも取り組んでいるようです。

京都には定期的に家庭を訪問して、猫と高齢者の暮らしを見守る「猫から目線」という企業があります。

猫のいる高齢者をヘルパーが定期訪問して、必要に応じて猫のお世話に必要な道具の買い物をしたり、ケージの掃除などを代行するといったサービスを行っています。

伴侶動物の永年預かり制度

北海道には「NPO法人　猫と人を繋ぐ ツキネコ北海道」（以下、ツキネコ北海道）という団体があります。

ツキネコ北海道はいわゆる猫のシェルターです。

保護した猫は、里親募集や譲渡会などの活動によって、新しい里親に迎え入れられます。ここまでは普通のシェルターと同じです。

普通のシェルターと違うのは、「永年預かり制度」があることです。永年預かり制度とは、猫のオーナーはツキネコ北海道で、里親は預かり先という関係になっているのです。

この制度の特徴は、里親として猫を譲り受けた人が、体調が悪くなったときに、ツキネコ北海道に猫を返すことができるしくみになっているということです。

このような契約があると、そんなに大変な状況でもないのに、猫を返してしまうことになるのではないか？　と思うかもしれません。

しかし、10年ほどの間に返却された猫はほんの数匹、ほとんどの猫は返されることはなく、預り先で暮らしているそうです。

また、麻布大学獣医学部の菊水健史《きくすいたけふみ》教授らは、麻布大学と神奈川県相模原市や同市中央区、日本動物病院協会で犬が住める施設をつくり、そこから犬を高齢者にレンタルし、どうしてもお世話できなくなった場合には、この施設で再度引き取るしくみを構想しているとのことです（『サンデー毎日』24年6月30日号）。

災害に遭ったときはどうする？

日本は地震などの災害が多い国です。災害が起こったら、動物を連れて避難したいと、考えるのは自然なことでしょう。

環境省のホームページにある「動物の愛護と適切な管理」には「ペットの災害対策」という項目があり、同行避難（動物と一緒の避難）を推奨しています。

災害時にあわてると伴侶動物が外に飛び出して迷子になってしまうことがあります。そうならないためにも、伴侶動物を連れて避難する準備が必要です。

ただし、同行避難というのは、「避難所までの避難行動」のことで、伴侶動物が「人と同じスペースで過ごすこと」ではないようです。

つまり、同行避難して避難所にたどり着いたとしても、人と伴侶動物は別々の部屋で過ごす可能性があるということです。

これは、避難所には動物の苦手な人がいたり、アレルギーのある人に配慮しなければばならないためとされています。

千葉県柏《かしわ》市では、「ペット避難受入れに関するガイドライン」を策定していて、「屋内施設によるペット受け入れができる施設一覧」なども記されています。

ただ柏市の場合も、「ペットの飼育場所は避難者の居住スペースとは別の屋内スペースとし、人がペットと同室で避難生活を行うことは不可とします（補助犬は例外とします）」としています。

２０２４年元日に発生した能登半島地震では、伴侶動物と一緒の部屋で過ごせた例もありました。

ＮＨＫ富山放送局の報道（24年2月13日）によると、小型犬のポメラニアン２匹とセキセイインコ２羽と同行避難した人が、動物たちと一緒に過ごせる部屋を用意してもらいました。

ところが、この避難所は1月5日に閉鎖され、ポメラニアンとインコのオーナーは別の避難所に移ることになりました。

新しい避難所では、動物はロビーまでしか入れないため、オーナーは、ロビーの一角で動物たちと一緒に過ごすことになりました。

万が一の災害に備えて、同伴避難の受け入れ先や避難所のルールを確認しておくことが大切です。

海外生活で愛犬をどうしたか

私は23年4月から1年間、オーストラリアのメルボルン大学で研究をすることになりました。その間、家族も一緒なので、愛犬も連れていきたいと思いました。

オーストラリアは、動物検疫が厳しい国だともいわれています。調べてみると、検査やワクチンの接種が何度も必要になることがわかりました。

愛犬も10歳（当時）と高齢ですので、健康も心配です。そこで、妻や子どもたちとも何度も話し合いました。

両親に預かってもらうことも考えたのですが、それが難しい事情がありました。そ

著者の愛犬、フィン。犬種はジャックラッセル・テリア。11歳になるシニア犬

こで、友人に「オーストラリアに行くけど犬をどうするかで悩んでいる」と相談したら、「預かるよ」といってくれたのです。

最終的に、2匹の犬と暮らしているその友人に1年間預かってもらいました。愛犬の様子はSNSを通じて、毎日幸せに暮らしていることを確認することができました。帰国後に無事再会でき、今は私たち家族と一緒に元気で暮らしています。1年間、愛犬に会うことができませんでしたが、健康な姿を見ると、友人に預ってもらう判断は正しかったと思っています。

なぜ自分の例を出したのかというと、伴侶動物のお世話に責任を持つということには、いろんな選択肢があるということを知ってほしかったからです。

伴侶動物と生活する人は、責任持って終生お世話しなければならないという義務があります。

でも、人生には何が起こるかわかりません。病気になって入院することもあるでしょうし、最悪の場合、亡くなってしまうこともあります。それを心配して、犬との生

著者と愛犬フィン。毎朝一緒に散歩をしています

活をあきらめないでほしいのです。

いろんな不安があるかもしれませんが、家族に預ってもらえるかどうかを確認しておきましょう。あるいは私のように、友人に預けることも選択肢の1つです。前述のツキネコ北海道（猫限定ですが）のような民間団体も今後増えていくと思うので、家族や友人以外の選択肢もあるでしょう。

大事なことは、事が起こる前にしっかり準備をしておくということです。いくつか選択肢を用意しておくことで、何かあったときでも、よりよい判断ができます。

私たち家族は1年間、愛犬と離れ離れになりましたが、その経験があったからこそ、「どうすれば終生お世話できるか？」について考えるきっかけになったと思います。

高齢者が犬を迎え入れることに対し、「責任を持って最後までお世話できるのか？」という意見があります。

そうではなく、高齢者でも安心して犬と生活できる方法を一緒に考えることが大事だと思います。

人生において、先の心配を考え始めるとキリがありません。犬が好きで、わが家に迎え入れたいと思うのであれば、その思いを大切にしてみてはいかがでしょうか。

犬との生活を始める方法

犬を迎え入れるおもな方法としては、保護犬を譲渡してもらう、ブリーダーから購入する、ペットショップで購入する、などが考えられます。

保護犬の譲渡は、シェルターに保護されている犬の里親になるということです。保護犬は年齢の幅が広く、子犬からシニア犬まで幅広い年齢、そしてさまざまな犬種がいます。

シェルターでは、定期的に譲渡会が開催されていたり、見学の機会もあります。

ただ、過去に虐待を受けた保護犬も珍しくなく、なかには人間に対する恐怖心が残っている犬もいます。

その場合は、時間をかけて人に慣れさせたり、専門家の力を借りるなど地道な努力が必要となります。

このほか、現役を引退した身体障害者補助犬を迎え入れることも可能です。たとえば、日本盲導犬協会では、引退した盲導犬を迎え入れる引退犬飼育ボランティアを募集しています。引退犬は、基本的なしつけができていて、人との生活に慣れた犬が多いため、しつけに自信のない方にもおすすめです。

私の場合はブリーダーからの購入でした。海辺を歩いていたときに、すごくかわいい犬に出会いました。

かわいいだけでなく、海にボールを投げると、喜んで取ってくるような賢い犬でもありました。

その頃は犬種の知識があまりなかったので、そのオーナーさんに「何という犬種ですか?」と聞いてみました。すると「ジャックラッセル・テリアというんですよ」と教えてくれました。

著者と愛犬、フィン。犬との生活を始めて生活が一変したという

自分もいつかジャックラッセル・テリアと暮らしたいと思って、インターネットでジャックラッセル・テリア専門のブリーダーを探しました。埼玉県のブリーダーを訪ねたときに、とてもかわいい、そして気の合うジャックラッセル・テリアと出会いました。

犬を迎え入れてから、生活が一変しました。仕事前に散歩をするために、朝早く起きるようになり、ご近所さんとの交流も多くなりました。伴侶動物と暮らし始めた人によくあるエピソードですが、私も犬との暮らしを始めることで生活に大きな変化が生まれました。

オーストラリアの伴侶動物事情

オーストラリアに住んでいたときは、伴侶動物の展示販売をしているペットショップを見かけることはありませんでした。

欧米では動物の展示販売が禁止されている国が多いので、ペットショップがない国はたくさんあります。

調べてみると、メルボルン市はオーストラリアのビクトリア州に属し、その州では、登録された保護犬・保護猫を除く動物の展示販売が禁止されているとのことでした。


伴侶動物を迎え入れる場合、オーストラリアではブリーダーを探すのが一般的です。ブリーダーはある犬種が好きで、純粋な犬種を残したい人や、もっとよい種をつくりたいという志を持って仕事をしています。

私のように迎え入れたい犬種があるのであれば、その犬種専門のブリーダーを訪ねてみるという方法があります。


また、第1章で紹介したように、オーストラリアにはシェルターをあちこちで見つけることができます。

シェルターは、開かれた雰囲気になるように工夫されていて、動物病院やショップ、カフェが併設されています。

そのため、気軽にシェルターに立ち寄ることができ、気の合う犬や猫と出会えるチャンスが、多いような印象を受けました。

保護犬を迎え入れる

高齢者には、子犬よりもシニア犬をおすすめします。

一般的に、小型犬は11歳以上、中型・大型犬は8歳以上が犬の高齢期といわれています。

これに対して、犬の寿命は、およそ15年間ですから、仮に10歳のシニア犬を迎え入れた場合、約5年間は一緒に暮らせることになります。

時間に余裕ができた高齢者が、シニア犬と長い時間を一緒に過ごすことができれば、きっと人と犬の両方に、すばらしい思い出となるはずです。

保護犬や保護猫の譲渡会では、子犬や子猫からもらわれていく傾向があるようです。

逆にいうと、シニア犬やシニア猫は里親がなかなか見つからず、いつまでもシェルターに残ってしまうということになります。

こうした現状に対し、シニア犬・シニア猫の魅力を伝えながら、譲渡活動を行っている高校生がいます。

活動しているのは、広島県の進徳女子高校のＷＤＰ（Walking with Dogs Project）部の動物愛護活動を行う部員です。

部員たちは放課後、広島市動物愛護センターに保護されている犬や猫のエサやりやケージの掃除などを行っています。

それらの活動を通じて、大型犬から小型犬までさまざまな保護犬と触れあい、そして譲渡会にも参加します。

部員たちは譲渡会で、シニア犬の里親がなかなか見つからないことにショックを受け、それからシニア犬の魅力を伝える努力を始めたといいます。

そうした努力が実ったのか、14歳のシニア犬を迎えたいという候補者が現れたということが報道されていました（「高校生新聞」23年8月22日など）。

もちろん、シニア犬のお世話をするのは大変な面もあります。若い犬よりも病気になりやすいですし、介護が必要になることもあります。シニア犬を迎え入れようと思っている人はその覚悟はしておかないといけません。

なお、広島市のホームページによると、広島県動物愛護センターの譲渡条件は、地域に住む18歳以上の方（高校生を除く）に限定されているほか、譲渡希望者の年齢や居住形態などが考慮されるようです。

もしものときのことを考えておく

私はジャックラッセル・テリアという犬種が好きになり、自分で情報を探して、最終的にその犬種のブリーダーのところで出会いました。

保護犬の譲渡会に行って、犬との運命的な出会いをすることもあるでしょう。また、現役を引退した身体障害者補助犬とご縁があるかもしれません。

こればかりは、いろんな犬を見たり、声をかけたり、触れてみたりしないとわかりません。

犬との出会いはさまざま。著者と愛犬フィンはブリーダーで出会った

自分の住んでいる地域で保護犬の譲渡会を行っていないか、情報を集めてみてはいかがでしょうか。

高齢者でも安心して保護犬の譲渡を受けるには、前述の「ツキネコ北海道」のような永年預かり制度があるとよいのですが、今のところこの制度を採用しているシェルターはほとんどありません。

永年預かり制度があれば、高齢者はあくまで犬の預かり先であり、万が一お世話できなくなった場合は、犬を所有する団体に戻すことができるわけです。

今後、このような制度が普及することに期待していますが、それに向けて動き出している活動があります。

「NPO法人　人と動物の共生センター」は、おもに東海三県を中心に、高齢者の伴侶動物との生活において起こりうる問題のサポートを行っています。

この団体の会員になると、もしものことがあれば、動物を引き取ったり、新しく動物のお世話をしてくれる人を探してもらうことができます。

団体のホームページによると、「子どものいない高齢者世帯が増加している昨今、高齢者がペット飼育を行う上では、ペットの将来を親族に任せるというこれまでのやり方が通用しなくなってきています」ということで、高齢を理由に犬との生活をあきらめている人たちにも、保護犬猫の引き取りや預かり手になってほしいという思いから始められたようです。

そして、最終的には保護犬猫を生涯預かる「ずーっと預かり制度」の構築に向けて動いているとのことです。

この団体では「ペット後見」も行っています。「ペット後見」とは、「飼い主が入院や死亡などにより、万が一ペットを飼えなくなる事態に備え、飼育費用、飼育場所、支援者をあらかじめコーディネートしておくことで、飼えなくなった場合にも、最後まで飼育の責任を果たすための取り組みの総称」（ホームページより）で、この団体では、高齢者が伴侶動物と生活するための支援と、獣医師などの専門家による引き取りと譲渡を行っています。

こうしたやり方なら、高齢者でも安心してシニア犬を迎え入れることができるのではないでしょうか。

この団体のペット後見には「ペット信託」も含まれています。ペット信託とは、動物のお世話ができなくなったときや、オーナーさんが亡くなったとき、その動物のお世話を誰かに託すしくみです。

当たり前のことですが、動物に自分の財産を渡すことはできません。その代わりに、病気などでお世話できなくなったり、亡くなったときのために、動物をお世話するために必要な財産を預けておくのです。

その財産は伴侶動物のために使われます。それによって、自分が亡くなった後も伴侶動物の生活が保障されるというわけです。

動物のお世話をするための財産を預ける人を「委託者」、動物のお世話をしてくれる人のことを「受益者」といいますが、受益者には里親紹介団体や獣医師などが選ばれることが多いようです。

「ペット信託」を行っている事業者は、インターネットなどでも探すことができます。もしものときを考えて、こうしたしくみを知っておくとよいでしょう。

リタイヤしたら犬を迎えましょう

このように、高齢者が安心して犬を迎え入れるためには、事前に確認しておくことがいくつかあります。

一番大きな問題は、「迎え入れた犬を最後までお世話できるか？」ですが、本章を読まれた方は、問題解決のためのヒントにはなったのではないでしょうか。

私は過去に４人の先生たちと共同で、動物が人にもたらす健康効果を調べた国内外の研究を検証したことがあります。検証した論文は１００本ほどありました。

その検証結果は『ペットがもたらす健康効果』（人と動物の関係学研究チーム編著）という本にまとめられています。

検証した研究の多くは海外のものであり、子どもや成人を対象とした研究が大半を占めていました。

そのことがきっかけで、私たちは日本人の高齢者を対象として、伴侶動物（犬や猫）がもたらす健康効果を明らかにしようとしたわけです。

第3章でくわしく述べたように、私たちの研究によって、犬がいる高齢者は、いない高齢者よりも、フレイルや要介護状態、認知症になりにくく、寿命も長くなることを明らかにしました。

しかし、せっかく犬を迎え入れたいと思っているのに、年齢を気にしてあきらめてしまうと、健康効果は得られません。

私の願いは、伴侶動物との生活を始めたいけれど決心がつかない人の後押しをすることです。

本書を読んで、前向きな気持ちになった人は、犬を迎え入れるための第一歩を踏み出してほしいと思います。

第1章で紹介したイギリスのことわざを思い出してください（31ページに掲載）。

このことわざは青年期までしか書かれていませんでした。

超高齢社会の日本なら、次のような一文を付け加えられるかもしれません。

「シニアになったら犬と暮らしましょう。あなたの健康長寿に大きく貢献してくれるでしょう」

第5章

犬との楽しい暮らしを始めましょう

高齢者に向いた犬種はある？

犬にはさまざまな犬種があります。どんな犬種を選ぶべきか迷っている人も多いのではないでしょうか。

大型犬もいれば、中型犬もいますし、チワワのような小型犬もいます。高齢者には大型犬の世話が大きな負担になるという理由から、中型・小型犬をすすめる意見がありますが、必ずしもそうとは限りません。

たとえば、散歩などを手伝ってくれる家族がいるなら、大型犬を迎え入れることが可能かもしれません。

子どもと同居しているか、高齢の夫婦2人暮らしなのか、あるいは1人暮らしなのか、といった同居家族の状況も選択の条件になります。

あるいは、体力に自信があるか、犬の世話にかける時間的余裕がどれくらいあるか、といった生活スタイルも考慮するべきでしょう。

また、被毛《ひもう》が長い犬は毛のトリミングが必要になります。プードル、マルチーズ、ヨークシャー・テリアといった毛の長い犬種は、定期的にトリミングサロンで、カットしてもらわなければなりません。

これに対して、毛が短い犬は、毛が抜けるため、こまめなブラッシングや掃除が必要です。


さらに、犬の性格も犬種によって異なります。人への忠誠心が強い犬もいれば、活発で好奇心旺盛な、いわゆる「やんちゃな」犬もいます。

どんな犬がどんな性格なのかは、インターネットなどでも調べられますし、専門の書籍も出版されています。いろんな犬と暮らした経験がある知人がいるなら、その人に相談してもよいでしょう。


最近は、犬を迎え入れたいと思っている人のためのマッチング・アプリもあるので、これを利用する方法もあります。

たとえば、犬を迎え入れたい人の希望とマッチする犬種をすすめてくれるようなアプリもあります。

気に入った子犬が見つかったら、ブリーダーと連絡をとり、犬と対面するまでの手続きを行うことができるというものです。

第4章で述べましたが、子犬から育てることにこだわらず、シニア犬を迎え入れる選択もあります。その場合は、シェルターの譲渡会などを利用することになるでしょう。

保護犬が保護された経緯はさまざまです。その中には、家庭の事情で犬を手放さなければならなかった犬がシェルターにやってくることもあります。

こうした家庭で暮らした経験のある犬は、基本的なしつけができていることが多いと思われます。

にもかかわらず、譲渡会ではシニア犬は敬遠されがちです。そんなシニア犬の「終《つい》の棲家《すみか》」として迎え入れることは、人にとっても犬にとってもすばらしい思い出になるはずです。

また、人との生活に慣れている現役を終えたシニアの身体障害者補助犬を譲り受けるという選択もあります。

シニア犬は子犬や若い犬に比べると必要な運動量が少なめで、自宅でくつろいでいる時間が長いので、犬とのんびり暮らしたいという人と相性がよいと思われます。ただ、最期を看取る時期は、子犬や若い犬よりも早くやってきます。シニア犬を迎え入れるのであれば、その覚悟をしておく必要があります。

犬と暮らすためのコスト

犬との生活は、けっこうお金がかかります。ですから、犬のお世話にかかる出費が可能かどうかも、犬と暮らし始める前に確認しておかなければなりません。

日本ペットフード協会の全国犬猫飼育実態調査（22年）によると、犬のための生涯コストは平均で251万7524円となっています。

犬種によって異なりますが、基本的に小型犬よりも中型犬、中型犬よりも大型犬のほうがお金はかかります。

犬のオーナーは、「畜産登録」が義務づけられているほか、マイクロチップ登録料、子犬から育てる場合は、狂犬病予防接種や混同ワクチン接種などの初期費用がかかります。いずれも数千円の出費になります。

また、繁殖を望まないのであれば、去勢・避妊手術代もかかります。こちらは数万円の出費になります。

次に、犬との生活を始めたら、さまざまな道具が必要になってきます。散歩に連れて行くためには、首輪やハーネス（胴輪）、リードが必要です。

ケージやペットサークル、食器、水入れ、犬が遊ぶためのおもちゃ、毛の長い犬ならブラシやコーム（くし）なども買わなければなりません。

動物病院に連れて行くときや、災害時に避難するときのために、動物用のキャリーケースも必要です。

これらはペットショップで購入できますが、首輪やハーネスなどは犬の成長とともに買い換えなければなりません。

そして、毎日かかる費用が犬の食事代です。市販のドッグフードの値段はさまざまです。お得な大袋タイプを買うとコストを抑えられますが、値段だけでなく原材料なども考慮して選んだほうがよいでしょう。

また、高齢犬になると、若い頃と比べて必要な栄養バランスが変わってきます。そのため、シニア犬用のドッグフードも販売されています。

犬をしつけるときには、おやつが必要です。しつけができたら、ごほうびとしておやつをあげます。これらも犬と生活するための必需品です。

このほか、犬に着せるための服や、雨の日の散歩用の雨合羽が必要な人もいるでしょう。また、犬を留守番させて人が旅行などに行くときには、ペットホテル代やペットシッター代がかかります。

犬の出費でもっとも大きいのが医療費です。ワクチン接種や定期健診はもちろん、病気やケガをしたときは、動物病院に連れて行かなければなりません。

基本的に動物の医療費は高額です。手術など高度な医療が必要な場合は、数十万円から百万円以上もかかることがあります。

そうした、もしものときに備えて、「ペット保険」に入っておくのも1つの方法です。保険の内容は運営する会社によって異なり、条件も同じではないので、事前に調べておくとよいでしょう。

絶対に必要な犬の散歩

犬には散歩が必要です。雨が降っても犬は散歩に行きたがるので、よほどの悪天候でない限り、散歩に連れて行かなければなりません。

過去に犬と暮らした経験がない人は、「犬の散歩が大変そう」と思うかもしれません。でも犬を愛する人なら、大変だと感じることはないでしょう。

第3章でくわしく述べたように、犬がいる人は健康（フレイルや要介護状態、認知症になりにくい）で長生きであることが明らかになりました。

そして犬がいて健康で長生きする人は、運動習慣もあり、社会とのつながりもあることもわかりました。

つまり、犬の散歩を通じた運動習慣の維持や、家族や近所の人とのコミュニケーションが健康長寿の秘訣《ひけつ》だったのです。

犬の散歩が運動習慣になるというのはイメージしやすいと思います。運動習慣は筋力低下を防ぎ、フレイルの予防になります。

そのために必要な運動は、筋トレのような強度の高い運動である必要はありません。犬の散歩を欠かさず続けるだけで十分です。

犬の散歩をしていると、人から声をかけられることがよくあります。近所の人とちょっとした会話をする機会が増えるきっかけにもなるわけです。

高齢者の場合は、それが「孤立」を防ぐきっかけになり、社会とのつながりを維持することが、フレイルや認知症の予防につながっていると考えられます。

犬が暮らしやすい住環境

昭和の頃は、犬は屋外の犬小屋で暮らすのが一般的だったと聞きます。かつて、犬は「番犬」としての役割があったので、「外飼い」が必然的だったのでしょう。

現在は「室内飼い」が圧倒的に多くなっています。前述の全国犬猫飼育実態調査（22年）のデータによると、犬の「外飼い」割合はわずか5・5％です。法律で禁止されているわけではありませんが、犬の健康管理などを考えると、私も犬は室内で生活させるほうがよいと思います。わが家の愛犬も、室内で暮らしています。

室内で犬と生活する場合、犬が暮らしやすい環境を整えてあげることはとても大事です。

「外飼い」よりも安全のように思われますが、実は、家の中にもさまざまな危険がひそんでいます。

たとえば、犬を部屋に置いたまま家族全員が外出するとします。その時間に、犬が階段などの高いところから落ちてケガをしたり、ゴミ箱を荒らして生ゴミを食べてしまう、といった事故の危険性があるのです。

これを防ぐためには、外出時にはケージやサークルに入れて、家の中を歩き回らないようにするといった工夫が必要でしょう。

また、犬は先天的に関節が弱い動物なので、フローリングなどの硬い床を、足をすべらせながら移動すると、脱臼《だっきゅう》したり、股関節《こかんせつ》を傷めることがあるといわれています。

逆に、床に絨毯《じゅうたん》などが敷いてあると、犬の爪が引っかかりやすくなります。人には快適でも、犬目線で見ると、いろいろと問題があることが多いのです。

この問題を解決するために、フローリングをすべりにくくするワックスや、その上に敷くクッション材などが販売されています。

もう1つ、犬は「暑さに弱い動物」だということです。とくに真夏は犬も熱中症になるリスクがあります。

犬のいるスペースに直射日光が当たらないようにして、風通しをよくするほか、エアコンで温度調節するようにしましょう。

家の新築や改築の機会があるなら、犬にやさしい家づくりをぜひ考えてほしいと思います。

本書の出版社からも『犬のための家づくり解剖図鑑』など、犬の健康や安全を考慮した犬目線の家づくりの本が出版されています。

また、インターネットで検索すると、家づくりのアイデアがいろいろ見つかります。

それらを参考にして、愛犬にやさしい家づくりに挑戦してみてはいかがでしょうか。

愛犬と触れあう著者と子どもたち。犬は家族のコミュニケーションにも一役買っている

しつけがうまくいかないときは？

犬は、その祖先である野生のイヌ科動物の本能行動や習性を受け継いでいます。そのため、人には理解しづらい行動をとることもあります。

しかし、人と犬が暮らしていくためには、犬に人間社会のルールを受け入れてもらわなければなりません

そのために必要なのが「しつけ」です。子犬から育てるのであれば、トイレのしつけは最優先でやらないといけません。トイレ以外の場所で粗相《そそう》しないように、トイレで排泄《はいせつ》するように教えるわけです。

無駄吠《むだぼ》えの対策も大事なしつけの1つです。散歩中に吠える犬は人や犬に恐怖感を与えるだけでなく、オーナー自身のストレスにもなります。これでは、犬との生活で得られる社会とのつながりもうまくいかなくなってしまいます。

このほか、「待て」や「おすわり」「伏せ」なども、犬が人間社会の中でうまくやっていくために必要なしつけです。

しつけのやり方は、犬と暮らしている人から教えてもらったり、動物病院や専門の書籍、インターネットで情報を得ることができます。

昭和の時代は叱《しか》ってしつけることが多かったと聞きますが、今はほめてしつけるのが基本です。

獣医師の柴内裕子先生によると、ほめるしつけ方は「陽性強化法」といって、現在は世界的に認められているしつけ法になっているとのことです。

その際、やさしい言葉で声をかけ、指示どおりにできたら、ごほうびのおやつをあげるようにしましょう。

覚えが早い犬も遅い犬もいますが、基本的に犬のしつけは時間がかかります。根気強くしつけていくことが大事です。

無駄吠えがなくならないなど、しつけがうまくいかない場合は、ドッグトレーナーが犬のしつけ方を教えてくれる「しつけ教室」に参加する方法もあります。

犬と一緒に旅行しよう

自動車の中に犬がいるのは、今や珍しい光景ではありません。車を持っている人であれば、犬を連れてドライブに出かけることができます。

いきなり車に乗せても大丈夫な犬もいますが、車酔いをする犬もいるため、少しずつ慣らしていったほうがよいでしょう。

車の窓から顔を出している犬を見かけますが、それはその犬がよくしつけられているからです。

車内で犬を自由にさせておくと、車の扉を開けたときに、犬が脱走するといった事故もありえます。犬の安全を考えるなら、キャリーケースやクレート（屋根のついた箱形ハウス）を準備しておくとよいでしょう。

長距離ドライブでは、1～2時間おきに休憩をとり、犬も外に出してあげましょう。

最近の高速道路のサービスエリアやパーキングエリアには、ドッグランや犬と遊べるエリアが設置されているところもあります。

伴侶動物と一緒に泊まれる宿泊施設も増えてきました。ドッグランや動物用のプール、温泉がある宿もあります。

インターネットの旅行サイトには、「ペットと泊まれる宿・ホテル」といったコーナーがあったりします。

車がない人はどうすればよいのでしょう。最寄り駅までタクシーで運んで、電車を乗り継いで、新幹線で移動し、またタクシーで宿まで移動……。これでは費用もかかりますし、犬にとってもストレスになりますね。

そこで、車がない人は、犬を同伴できるバスツアーを利用してみてはいかがでしょうか。

犬と一緒の観光やアクティビティ、そして参加者どうしの交流も楽しむことができます。

犬が老いると起こること

どんな犬も老いは避けられません。犬が老化すると筋力や消化機能の低下によって、排泄《はいせつ》がうまくいかなくなることがあります。

目も見えにくくなって、壁によくぶつかることもありますし、歯周病で歯が抜けて食事がとれなくなることもあります。

また、犬も認知症になることがあります。犬が認知症になると、夜泣きをしたり、家の中をグルグル徘徊《はいかい》したり、トイレを失敗する、といった症状が表れるといわれています。

老化した犬は足腰が弱っているので、長い距離は歩けませんが、できる範囲で散歩に連れていくと、症状が落ち着くことがあります。

しかし、どれだけケアをつくしても、別れは避けられません。犬と暮らしている人にとってはとても悲しいことですが、最期は悔いのないように看取ることが大切なのではないでしょうか。

伴侶動物を失ったことによる喪失感を「ペットロス」といいます。ペットロスをうまく乗り越えられる人もいれば、時間がかかる人もいます。

ペットロスになると、「もっと早く犬の病気に気付いていればよかったのに」とか「看取りが十分ではなかったのではないか？」と、自分を責める人がいますが、このようなマイナスの感情はペットロスを長引かせてしまいます。

むしろ、亡くなった犬との楽しい想い出を振り返ることが大切です。思い出を振り返る手段として、愛犬の写真を飾ったり、愛犬の想い出を語り合うのがよいといわれています。

1人暮らしであれば、犬の散歩のときによく声をかけてくれた近所の人や、犬友さんとお話することで、癒やされることもあるでしょう。

犬との生活はやっぱり楽しい

犬が先に亡くなるよりも前に、自分が犬のお世話をできなくなることもあります。そのときのことも考えておかなければなりません。

第4章で述べたように、自分にもしものことがあったときに備えて、家族や友人と相談しておくことや、利用可能なサービスを確認することで、犬が幸せに生きていける準備をしておきましょう。

とくに高齢者が新たに犬を迎え入れる場合は、犬との生活を始める前に、これらの準備をしておくと安心です。

犬を迎えるためにはたくさんの準備が必要ですが、それを差し引いても犬との生活は楽しいということを最後にお伝えしたいと思います。

わが家の愛犬フィンは、私たちが国外で生活している間、友人に預かってもらっていました。

帰国したときには、フィンは11歳になっていましたが、病気もなく元気な姿で再会することができました。私たち家族全員がフィンとの再会を喜んでいます。再会後は、もちろん毎日散歩に連れて行っています。私や家族にとって愛犬との散歩は何よりの楽しいひとときです。

研究者である私の仕事は、デスクワークが中心です。ともすると運動不足になりがちな仕事ですが、愛犬との散歩で日々の運動が継続できています。そして散歩していると、近所の人からよく声をかけられます。犬を連れて歩くことが、社会とのつながりになっていることも実感します。

こうした私自身の経験は、本書でご紹介した研究のきっかけになったわけですが、ここで大事なキーワードは、「運動習慣」と「社会とのつながり」です。犬との生活を始めたら、毎日散歩に連れて行きましょう。それは犬にとって楽しいことである一方、お世話をする人にとっては運動習慣と社会とのつながりを維持する重要な生活習慣になります。その結果として、健康長寿を実現できるはずです。

愛情をもって犬のお世話を楽しめる人は、家族の一員として犬を迎え入れてみてはいかがでしょうか。

その先には、愛犬との健やかで楽しい生活が待っています。みなさまに、愛犬とのすばらしい出会いがあることを願っています。

あとがき

本書に最後までお付き合いいただきありがとうございました。ここまで読んでくださった皆様は、相当な犬好きだと思います。
そんな皆様には、毎日のように伴侶動物に関する情報が耳に入っているのではないでしょうか。その中には、微笑んでしまうような嬉しい情報もあれば、目を背けてしまいたくなるような悲しいものもあると思います。伴侶動物の殺処分数問題は、行政や民間団体の努力により近年減少傾向にあるものの、まだまだ多くの犬猫が殺処分されています。

私は、犬猫の殺処分数を減らすために、自分ができることを考えてきました。大学で老年医学研究をしていたある時、ヒューマン・アニマル・インタラクション（人と動物の関係学）に関与する機会に恵まれ、今は研究者としてこの問題の解決に取り組んでいます。

研究者の仕事は、客観的なエビデンス（科学的根拠）を示すことです。犬や猫と暮らすことによる効果をエビデンスとして示すことにより、1人でも多くの人が伴侶動物との生活に興味を持ち、一頭でも多くの保護動物が新たな家族に迎え入れられることを願っています。

本書を執筆するために、伴侶動物の現状を緻密に取材していただいたライターの福士斉様、取材にご協力いただいた柴内裕子先生、編集を担当いただいた加藤紳一郎様に御礼申し上げます。

また、ヒューマン・アニマル・インタラクション研究を後押ししてくださった新開《しんかい》省二《しょうじ》先生（女子栄養大学）、北村《きたむら》明彦先生（八尾市保健所）、藤原佳典《ふじわらよしのり》先生（東京都健康長寿医療センター研究所）、清野諭《せいのさとし》先生（山形大学）に深く感謝を申し上げます。

そして、ここまで研究を続けてこられたのは、妻と2人の子どもたち、愛犬フィンのお陰です。いつも応援してくれる家族に心からの感謝を伝え、結びの言葉といたします。

谷口　優

参考論文・書籍リスト

Kramer CK, et al. Dog Ownership and Survival: A Systematic Review and Meta-Analysis. Circ Cardiovasc Qual Outcomes. 2019

Taniguchi Y, et al. Association of Dog and Cat Ownership with Incident Frailty among Community-Dwelling Elderly Japanese. Scientific reports. 2019

Enmarker I, et al. Depression in older cat and dog owners: the Nord-Trøndelag Health Study (HUNT)-3. Aging & mental health. 2015

Turner DC, et al. Spouses and cats and their effects on human mood. A Multidisciplinary Journal of The Interactions of People & Animals. 2003

Dickey T, et al. COVID-19 scent dog research highlights and synthesis during the pandemic of December 2019－April 2023. Journal of Osteopathic Medicine. 2023

Poresky RH. The Young Children's Empathy Measure: Reliability, validity and effects of companion animal bonding. Psychological Reports. 1990

Gee NR, et al. Preschoolers Make Fewer Errors on an Object Categorization Task in the Presence of a Dog. Anthrozoös. 2010

Covert AM, et al. Pets, Early Adolescents, and Families. Marriage & Family Review. 1985

Vidović VV, et al. Pet Ownership, Type of Pet and Socio-Emotional Development of School Children. Anthrozoös. 1999

Handlin L, et al. Short-Term Interaction between Dogs and Their Owners: Effects on Oxytocin, Cortisol, Insulin and Heart Rate—An Exploratory Study. ANTHROZOÖS. 2011

Sandra B B, et al. Exploratory Study of Stress-Buffering Response Patterns from Interaction with a Therapy Dog. Anthrozoös. 2010

Friedmann E, et al. Pet's Presence and Owner's Blood Pressures during the Daily Lives of Pet Owners with Pre- to Mild Hypertension. A Multidisciplinary Journal of The Interactions of People & Animals. 2013

Varian B, et al. Beneficial Dog Bacteria Up-Regulate Oxytocin and Lower Risk of Obesity. Journal of Probiotics & Health. 2017

Sobo EJ, et al. Canine visitation (pet) therapy: pilot data on decreases in child pain perception. Journal of holistic nursing : official journal of the American Holistic Nurses' Association. 2006

Braun C, et al. Animal-assisted therapy as a pain relief intervention for children. Complement Ther Clin Pract. 2009

Taniguchi Y, et al. A prospective study of gait performance and subsequent cognitive decline in a general population of older Japanese. J Gerontol A Biol Sci Med Sci. 2012

Taniguchi Y, et al. Gait Performance Trajectories and Incident Disabling Dementia Among Community-Dwelling Older Japanese. Journal of the American Medical Directors Association. 2017

Westgarth C, et al. Dog owners are more likely to meet physical activity guidelines than people without a dog: An investigation of the association between dog ownership and physical activity levels in a UK community. Scientific reports. 2019

Christian HE, et al. Dog ownership and physical activity: a review of the evidence. Journal of physical activity & health. 2013

Taniguchi Y, et al. Physical, social, and psychological characteristics of community-dwelling elderly Japanese dog and cat owners. PloS one. 2018

Taniguchi Y, et al. Evidence that dog ownership protects against the onset of disability in an older community-dwelling Japanese population. PloS one. 2022

Taniguchi Y, et al. Pet ownership-related differences in medical and long-term care costs among community-dwelling older Japanese. PloS one. 2023

Taniguchi Y, et al. Protective effects of dog ownership against the onset of disabling dementia in older community-dwelling Japanese: A longitudinal study. Preventive Medicine Reports. 2023

人と動物の関係学研究チーム. ペットがもたらす健康効果：国内外の科学論文のレヴューから考える：ペットを飼うと良いことがいっぱい!: 社会保険出版社.

菊水健史. 最新研究で迫る 犬の生態学: エクスナレッジ.

建築知識(編). 犬のための家づくり解剖図鑑: エクスナレッジ.

谷口 優（たにぐち・ゆう）

国立環境研究所環境リスク・健康領域主任研究員、東京都健康長寿医療センター研究所協力研究員、医学博士。2012年、秋田大学大学院医学系研究科修了。米国老年医学会若手奨励賞など数々の賞を受賞。2019年から現職。著書に『認知症の始まりは歩幅でわかる　ちょこちょこ歩きは危険信号』（主婦の友社）などがある。

なぜ犬と暮らす人は長生きなのか

2024年9月3日　　初版第一刷発行

著　者　　谷口 優
発行者　　三輪浩之

発行所　　株式会社エクスナレッジ
〒106-0032　東京都港区六本木7-2-26
https://www.xknowledge.co.jp/
問合先　　編集 TEL.03-3403-6796　FAX.03-3403-0582
販売 TEL.03-3403-1321　FAX.03-3403-1829
info@xknowledge.co.jp